好奇心书系
·野外识别手册·

"十三五"国家重点出版物出版规划项目

U0279924

常见蜘蛛
野外识别手册
（第2版）

王露雨　张志升　主编

重庆大学出版社

图书在版编目（CIP）数据

常见蜘蛛野外识别手册/王露雨，张志升主编. ——
2版. ——重庆：重庆大学出版社，2020.12（2023.11重印）
（好奇心书系·野外识别手册）
ISBN 978-7-5689-2347-7

Ⅰ.①常 Ⅱ.①王… ②张… Ⅲ.①蜘蛛目—识别
—手册 Ⅳ.①Q959.226-62

中国版本图书馆CIP数据核字（2020）第212461号

常见蜘蛛野外识别手册

（第2版）

王露雨 张志升 主编

策划：鹿角文化工作室

编著者：

王露雨 张志升 余 锟 陆 天 樊 征 袁 涛 刘 飘
张 孟 张 宇 赵静霞 陆千乐 张 超 高志忠 母焱楠
郭建军 张俊霞 张 锋 杨自忠 陈会明

责任编辑：梁 涛 版式设计：周 娟 刘 玲 何欢欢
责任校对：夏 宇 责任印制：赵 晟

*

重庆大学出版社出版发行
出版人：陈晓阳
社址：重庆市沙坪坝区大学城西路21号
邮编：401331
电话：(023) 88617190 88617185
传真：(023) 88617186 88617166
网址：http://www.cqup.com.cn
邮箱：fxk@cqup.com.cn（营销中心）
全国新华书店经销
重庆五洲海斯特印务有限公司印刷

*

开本：787mm×1092mm 1/32 印张：9.375 字数：279千
2011年7月第1版 2020年12月第2版 2023年11月第9次印刷
印数：28 501—33 500
ISBN 978-7-5689-2347-7 定价：58.00元

再版前言

　　自本书第 1 版出版至今已经 9 年了，这期间，销售量逐年升高，出版社一次次传来加印消息，一些爱好者通过各种方式联系到我们，向我们咨询更多、更专业的信息，这些都使我们受宠若惊，也为更多人能够通过这样的小册子正确了解蜘蛛而感到欣慰，同时也感受到作为专业科研人员，应尽快查清与蜘蛛相关的生物学知识，让更多人了解蜘蛛，正确认识和对待蜘蛛，减少不必要的伤害和损失。

　　作为一类常见小型动物，我们对它的认知还远远不够。近十年来，国内外在蜘蛛的多样性、行为学以及生物学本质的各个方面的研究都取得了一些进展；同时，人民的生活水平有了明显提高，相比十年前，更多的人们在精神生活方面有了更高的追求；而我们这支研究团队，也有了更多的研究经验和实践。这些都是驱使我们有意再版的重要原因。

　　相较于第 1 版，本版收录的蜘蛛类群更多，种类也略有增加，共收录了在中国有分布的 57 科 270 种蜘蛛，共使用生态照片 543 幅，使得本书的代表性更强。

　　本书在内容与版式上都进行了全新改版，内容上共分为六部分：一是蜘蛛概述，以图解和文字的形式详细列出了蜘蛛背面、腹面和内部结构，详细标示出了形态结构的名称；二是蜘蛛的近亲，介绍了与蜘蛛目同在蛛形纲的另外十个现生目的特点、习性、分布和多样性，并给出了代表种类的图片；三是蜘蛛的分类体系与多样性，对蜘蛛目科级以上分类阶元进行了简要介绍，列出了全世界蜘蛛的科级名称及其归属，以及世界与中国各科蜘蛛的属种数；四是蜘蛛的生物学，简要介绍了常见蜘蛛的习性；五是各生境中的常见蜘蛛，爱好者可以根据观察到的蜘蛛习性和所在区域判断出可能的类群，再按图索骥，找到所观察蜘蛛的真正归属；六是种类识别，也是本书的重点内容，即中国常见的

57 个科蜘蛛的常见类群或种类介绍。

本版是在第 1 版和《中国蜘蛛生态大图鉴》的基础上再次进行创新后的结果。本书的定位为：成为爱好者了解蜘蛛、识别蜘蛛的重要桥梁，成为蛛形学初学者必备的工具书。

本书在编写过程中，得到了出版社、众多蛛形学同行和许多蜘蛛爱好者的大力协助，在此我们表示最诚挚的谢意。本书的野外考察、鉴定和编写工作得到了国家自然科学基金（31672278、31702005）、重庆市自然科学基金重点项目（cstc2019jcyj-zdxmX0006）和科技部基础调查工作专项（2018FY100305）的资助。

由于本书涉及的蜘蛛类群和种类较多，编著者水平有限，编写时间相对较短，书中不足在所难免，恳请各位专家、学者以及蜘蛛爱好者予以批评指正。

本书统稿之时，正值新冠肺炎疫情肆虐之时，全体编著人员一起并肩战斗、抗击疫情！愿有更多人能够善待野生动物，减少非法捕杀，禁止非法食用！在此祝愿疫情早日过去！中国加油！世界加油！

张志升

2020 年 3 月 30 日于重庆北碚

第1版前言

　　说起蜘蛛，可谓无人不知，但说起对蜘蛛的印象，许多人都会敬而远之。在一些科幻作品中，往往将蜘蛛视为邪恶与恐怖的化身。在现实生活中，"人面蜘蛛""致命杀手"等词在新闻媒体上频现。难道蜘蛛真的有那么可怕吗？

　　我与蜘蛛结缘已久，对我来说，蜘蛛非但不可怕，相反，它有着非常神奇和美丽的一面。我以为，人们之所以对蜘蛛产生误解，除了新闻媒体为吸引读者和观众的眼球而片面夸大其词之外，相关科普书籍的缺乏也是重要原因之一。

　　随着人们生活水平的不断提高，许多人越来越喜欢亲近自然，了解自然界的各类生物、花鸟鱼虫，蜘蛛也不例外，但由于相关知识的缺乏，使许多人望而却步。

　　朋友们希望我来编写一本关于蜘蛛的科普读物，我也正有此意，于是本书就应运而生。更为难得的是，许多摄友提供了大量精美的微距摄影作品，将蜘蛛之美体现得淋漓尽致。我也将近些年积累的大量图片拿来与大家一起分享。本书共收录了蜘蛛目43个科的266种蜘蛛，每种蜘蛛都提供了1张以上的生态照片。

　　希望本书能够对人们正确认识和了解蜘蛛有所帮助，为蜘蛛爱好者搭建一座知识的桥梁，向蜘蛛初学者提供一本初级的读物。本书对所涉及的每种蜘蛛都给出简单的形态描述，并对蜘蛛的生物学知识、经济价值以及与蜘蛛相关的其他蛛形动物进行了简要介绍。此外，本书还给出了中国蜘蛛科级名称的拉丁名与中文名对照，为广大爱好者阅读国外文献、确定蜘蛛类群提供便利。

本书的编写除得到了众多摄影爱好者的帮助之外，还得到了国内同行的大力支持，在此一并表示感谢。

由于本书所涉及的蜘蛛种类较多，编写时间相对较短，书中不足在所难免，恳请各位专家、学者以及蜘蛛爱好者予以批评指正。

张志升

2011 年 4 月

目 录 CONTENTS

SPIDERS

入门知识

Introduction

· 蜘蛛概述 ·

蜘蛛（spiders）是一类常见无脊椎动物（Invertebrate）的统称，隶属于动物界（Animalia）节肢动物门（Arthropoda）蛛形纲（Arachnida）蜘蛛目（Araneae）。

蜘蛛的外部形态如下页图所示。蜘蛛躯体分为头胸部和腹部（也称为前体部和后体部）两部分，中间以短且细的腹柄相连。体色多为灰色、褐色、黑色等，部分种类腹部呈现鲜艳的红色、粉色、黄色的条状或块状斑纹，也有少数种类全身呈现绿色或其他颜色。

头胸部：前端生有 1 对螯肢和 1 对触肢（也称须肢、脚须），两侧生有 4 对步足；背面有背甲，腹面有胸板，腹面前端有口器。背甲通常坚硬，前端生有单眼，蜘蛛通常有 8 只单眼，部分种类 6 只、4 只、2 只或完全消失。眼的前缘到背甲前方边缘的区域称为额。螯肢分螯基和螯牙两部分，螯牙端部具有毒腺开口。触肢为感觉器官，分 6 节，从基部到端部分别为基节、转节、腿节、膝节、胫节和跗节；成熟雄蛛的触肢特化为专门用来传递精子的器官，称为触肢器。步足由 7 节构成，从基部到端部分别为基节、转节、腿节、膝节、胫节、后跗节和跗节。胸板通常呈盾形，后端稍尖。胸板前端为下唇，其前端两侧为颚叶（即触肢的基节），下唇前端、颚叶内侧和螯肢共同包裹着口，也有学者将这三部分结构合称为口器。

腹部：通常柔软，以椭圆形为常见，背面无结构，腹面具有生殖沟、书肺、气孔和纺器，纺器背侧具有肛丘。腹部背面通常具有斑纹，部分种类可见心脏斑和肌斑，在最原始的节板蛛科以及其他极少数类群中，腹部背面可见明显的骨板。生殖沟为 1 条沟，位于腹部腹面近前端约 1/3 处，横向伸展，其两端内侧为书肺的开口。书肺为蜘蛛的呼吸器官之一，多数蜘蛛具有 1 对书肺，位于生殖沟前端两侧，其外面由硬化了的表皮包被（一些原始种类具有 2 对书肺，位于腹部腹面中部靠前端两侧）。成熟雌蛛的书肺内侧骨化，外边可见骨板以及孔状、齿状结构，此处称为外雌器，为雌蛛接受和暂时储存精子的器官。纺器为蜘蛛产丝的器官，通常位于腹部腹面后端，通常为 3 对，部分蜘蛛在纺器基部前端具有 1 个筛器，或者具有 1 个或 1 对舌状体。多数蜘蛛在纺器基部前端（或筛器、舌状体前端）具有 1 个气孔，它是蜘蛛气管式呼吸系统的对外开口，通常为细的裂缝状，不易看到。肛丘为腹部后端的一个突起，上有肛门孔。从发育来源看，腹柄实际上是腹部的第一节。

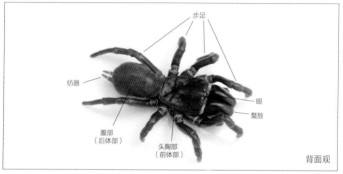

背面观

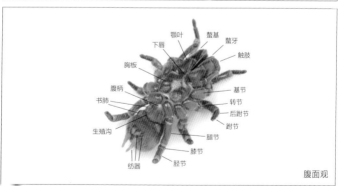

腹面观

● 地蛛 *Atypus* sp.（为直螯类，螯肢上下活动；图为雌性，触肢器不可见；外雌器简单，腹面仅见骨化了的板状结构，无突起或孔状结构；具有 2 对书肺，无气管和气孔）

　　蜘蛛体内明显可见的器官和系统包括毒腺、丝腺、消化系统、呼吸系统、循环系统、神经系统和生殖系统等。毒腺有 1 对，位于螯肢内侧或头胸部前端内侧，有导管开口于螯牙末端；毒液中既包括可麻痹或杀死猎物的成分，也包括起消化作用的一些酶类物质。蜘蛛的纺器内部连接 7~8 种丝腺，不同丝腺产不同类型的丝，丝腺末端开口于纺器上的纺管端部。消化系统由口、食道、吸胃、肠盲囊、肠道、肛门等结构组成，蜘蛛采用体外消化、吸食的方式取食。呼吸系统为书肺和（或）气管，多数蜘蛛具有 1 对书肺和 1 套气管，书肺与心脏相连，气管为独立的管道系统。血液循环系统为开管式，腹部背面具有 1 个管状心脏，它向前经腹柄向头胸部发出 1 根短的动脉，血液经心脏上的心孔回心。神经系统可见 1 个愈合了的大的神经节（脑），位于头胸部靠近腹面，向前、向后均有神经发出。生殖系统位于腹部内侧，雌蛛具有 1 对卵巢，成熟后，由生殖沟中央、外雌器内侧排出卵子，当卵子经过外雌器时，与外雌器排出的精子受精；雄蛛具有 1 对精巢，同样开口于生殖沟中央，交配前先将精子排出体外到一个小的精网上，然后用触肢器将精液吸入触肢器的导精管内。

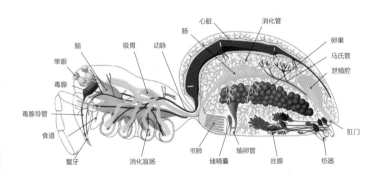

● 蜘蛛的内部结构（引自维基百科，图注稍改）

·蜘蛛的近亲·

与蜘蛛同为蛛形纲的其他现生类群包括 10 个目，它们与蜘蛛形态相似，甚至会被误认为蜘蛛。

节腹目 Ricinulei

英文为 hooded tickspiders，体长 5~10 mm，形似蜱虫。背甲前端具有 1 个独立的骨片，螯肢分 2 节，4 对步足，雄性第三对步足特化，用来转移精子，腹部卵圆形，无鞭状结构。

生活在腐木、落叶下和洞穴中，通常运动缓慢。分 2 个亚目，新节腹亚目 Neoricinulei（包括全部现生种类）和古节腹亚目 Palaeoricinulei（包括石炭纪以来发现于欧洲和北美的化石种类），前者包括 1 科 3 属 72 种，见于非洲和美洲区域；后者包括 2 科 4 属 16 种。中国无记载。

● 节腹目形态图

盲蛛目 Opiliones

英文为 harvestmen、harvesters 或者 daddy longlegs。多数盲蛛体长不超过 7 mm，部分种类小于 1 mm，最大的盲蛛为壮苦盲蛛 Trogulus torosus（苦盲蛛科 Trogulidae），体长可以达到 22 mm。头胸部与腹部愈合。大多数盲蛛具 1 对单眼，着生在头区中央隆起的眼丘两侧。口器由触肢基节和第一对步足基节延伸形成，除吸食液体食物之外，还可以吞咽固体食物。具有远长于身体的步足，东南亚的部分种类有时会达到 160~340 mm，部分种类腿相对短。没有书肺，靠气管进行呼吸。有 1 对防御腺，遇到危险时会释放一种特殊气味的液体，部分种类喷出的液体含有有害的醌类物质。盲蛛头胸部腹面有 1 个生殖孔，雄性具阳茎，雌性具产卵器。无毒腺和丝腺。大部分种类一年生。

盲蛛食性变化广，杂食性，有的捕食小昆虫、吸食植物材料和真菌，有的为腐食性，以死的有机体、鸟类粪便和其他一些残渣为食。大多数盲蛛采用伏击的形式捕捉猎物，有时也会主动出击。盲蛛的眼不能成像，它们使用第二步足作为感觉器官来感知周围的环境。盲蛛在进食后会用它们的口器清洁每一个足。

多数盲蛛为夜行性，体色较暗；少数为日行性，具有黄色、绿色等鲜艳体色，或者黑色伴有淡红色斑点或网纹。部分种类具有集群效应，几百只甚至几万只聚集在一起。

截至 2017 年 4 月，全世界已知盲蛛 6 653 种（Kury, 2017），估计种类超过 10 000 种，包括 4 个现生亚目（无盖亚目 Cyphophthalmi、开气门亚目 Eupnoi、闭气门亚目 Dyspnoi、强肢亚目 Laniatores）和 1 个化石亚目 Tetrophthalmi。现生盲蛛分布于除南极洲外的各大陆。保存完好的化石发现于 4 亿年前的冰岛和 3.05 亿年前的法国以及 0.95 亿年前的缅甸琥珀。我国已知强肢亚目、开气门亚目和闭气门亚目，共 6 科 40 属 128 种。

开气门亚目

强肢亚目

● 盲蛛目形态图

避日目 Solifugae

● 避日目形态图

　　又称骆驼蛛、风蝎、太阳蛛（camel spiders, wind scorpions or sun spiders）等，为小到大型蛛形动物（从几毫米到几厘米），最大的个体足展可以达到 12~15 cm。体长最大约 7 cm，多数种类接近 5 cm。身体分前体部（头胸部）和后体部（腹部）。前体部包括头、口器、足和触肢；前端具眼，部分种类中眼发达，可以区分猎物与天敌；螯肢发达，作为口器的重要组成部分，部分种类螯肢长于前体部；触肢用于感觉；第一对步足通常较其他步足细小，作为触肢感觉功能的补充；后 3 对步足才是真正的运动器官。气管呼吸，气孔位于前体部后端和后体部。雄性通常比雌性小，但步足相对较长，雄性螯肢上有角，以此区分雌雄。

　　避日为肉食性或杂食性，多数种类以白蚁、甲虫和其他一些地表栖息的节肢动物为食，也会捕食蛇、蜥蜴和啮齿类动物。避日没有毒腺，不会攻击人类，但其螯肢会刺破人类皮肤。

全世界已知 12 科 153 属 1 183 种，见于除南极洲和澳大利亚外的所有大陆。大多数种类生活在干旱环境中。中国新疆、西藏、内蒙古、青海和甘肃北部均有分布，已知至少 4 科 17 种。

蜱螨目 Acari

是蛛形纲多样性最丰富的类群，也有学者主张视其为一个亚纲，即蜱螨亚纲，再进一步区分为 2 个目（或总目）（真螨目 Acariformes 和寄螨目 Parasitiformes）或 3 个目（真螨目、寄螨目和节腹螨目 Opilioacariformes），节腹螨目在二目体系中被视为寄螨目的一个亚目。

赤螨（真螨亚目）

硬蜱（寄螨亚目）

● 蜱螨目形态图

大多数蜱螨是微小到小型（0.08~1.00 mm），最大的个体（部分蜱和红色绒螨）体长可以达到 10~20 mm。蜱螨没有真正的头，且分节极不明显。整个身体分为前端的颚体和后端的躯体两部分。颚体（又称假头）包括 1 对须肢（即触肢）和 1 对螯肢，一个表皮伸展区将螯肢和触肢与身体其他部分区分开来。颚体之后为躯体，不分节，其上着生足。通常为了研究的方便，又将躯体分为前足体、后足体（前足体和后足体又合称足体）和末体等。大多数成螨有 4 对足，幼螨有 3 对足，但少数种类例外，如瘿螨的成螨仅有 2 对足，因而又称之为四足螨。

蜱螨一生一般分为卵、幼螨、若螨和成螨 4 个时期。取食方式分为植食性、捕食性、寄生性和菌食性等；通过螯肢取食（即螯肢为蜱螨的口器），适应于咬、叮、锯或吸等取食方式。蜱螨主要通过体表较为发达的刚毛感知环境中的震动、热、相对湿度、信息素、CO_2 浓度等。蜱螨营气管呼吸，部分种类还可以通过皮肤和肠道进行呼吸。除陆地外，蜱螨的生境还包括淡水和海水，甚至部分种类寄生在脊椎和无脊椎动物的体内外。自由生活的种类中有一些是捕食者，另一些为食碎屑者，帮助分解落叶和死掉的有机物；还有的取食植物，可以破坏农作物；也有一些更为特殊的类群，如羽螨，以鸟类尾脂油、皮肤鳞片、羽毛和体表真菌等为食。

蜱螨与人类关系密切。部分种类是农林的主要害虫，也有的是人类和其他哺乳动物的重要病媒，传播多种疾病，还有的种类作为过敏原，会刺激引起哮喘，引发呼吸道疾病。另一方面，捕食螨在控制害虫、清除杂草方面起着重要作用。此外，某些螨类在生态系统也承担着促进自然界物质循环的作用，是自然界中重要的分解者。

截至 2013 年，已知蜱螨超过 5.5 万种，种类在 50 万 ~100 万种。中国的蜱螨多样性丰富，2010 年已知 193 科 818 属 3 089 种。

伪蝎目 Pseudoscorpiones

因前端具有和蝎子相似的钳形触肢而得名。体长通常 1~8 mm，最大体长约 12 mm。伪蝎头胸部与腹部宽阔连续；体色从淡黄色到深褐色，甚至

● 伪蝎目形态图

黑色；具 4 眼、2 眼或无眼；具 4 对足和 1 对长的钳状触肢；触肢通常包括 1 个固定指和 1 个由肌肉控制的可动指，用于捕捉和固定猎物的毒腺和导管通常位于可动指上（也有的种类毒腺导管位于固定指上，或者两指都有，或者没有毒腺）；部分种类会利用其螯肢上的兜状体产丝，织一个盘状茧，用于交配、蜕皮、育儿，或者抵御寒冷天气；靠气管呼吸。腹部（后体部）短、后端圆，共 12 节，每一节都具有背板和腹板，第一到三腹板常愈合为生殖区。

截至 2013 年，全世界已知 1 个化石亚目（古蚳亚目 Palaeosphyronida）和 3 个现生亚目（异蚳亚目 Heterosphyronida、奇蚳亚目 Atoposphyronida 和有毒亚目 Iocheirata），共 26 科 3 800 多种，但还有不少种类有待发现。全世界分布，主要发现于树皮下、落叶层、土壤中、石下、洞穴中、海滨潮间带以及石缝中等。中国已知 2 亚目（异蚳亚目和有毒亚目）11 科 120 种左右。

蝎目 Scorpionida

● 蝎目形态图

体长 0.9~23 cm，外骨骼坚硬而持久。身体分为两部分：头胸部（前体部）和腹部（后体部），腹部又分为前腹部和后腹部。头胸部包括背甲、眼睛、螯肢（口器）、钳状触肢和 4 对步足。2 只中眼位于头胸部顶端，2~5 对眼位于头胸部前缘拐角处；中眼不能成像，却对光极为敏感，特别是对微弱的光。部分种类尾部还具有光感受器。触肢分节，钳状，用于固定食物、防御和感觉。前腹部是指腹部前端宽阔部分，有时也被称为腹部，由 7 节构成，每一节背面都覆有背板，腹面第三到七节有腹板，腹面第一、二节复杂：第一节特化为一对生殖盖，覆盖着生殖孔；第二节生有用于感觉的栉器；第三到六节具有书肺的开口（书肺孔）。后腹部通常被称为"尾"，但它并不是附肢，而是腹部的一部分，由 5 节构成，第五节具有 1 个毒针，有些种类仅见 4 节，因为后腹部第一节缩进了前腹部的体节内，肛门位于后腹部第五节上。毒针内部具有成对的毒腺。

蝎为夜行性，白天可以在相对凉爽的地下洞穴或岩石下找到；胎生，出生后所有幼体会爬到母体背上，直至完成至少一次蜕皮；直接发育，需要经历 5~7 次蜕皮后才能成熟。

目前，全世界已知 19 科 2 450 种。中国已知 53 种，隶属于 5 科 12 属。

有鞭目 Uropygi

也称为鞭蝎（whip scorpions），即"具有鞭状尾的蝎子"。大多数种类体长 25~30 mm，*Mastigoproctus* 属的鞭蝎体长可达到 85 mm。鞭蝎与裂盾目、无鞭目类似，使用后 3 对足进行运动，最前面的 1 对足特化为似触角状的感觉器官。所有种类具有与蝎子类似的大型触肢（即螯钳），在每一个触肢胫节上具有 1 根大刺。背甲前端具有 1 对眼，头区两侧各具有 3 只眼，这一特征也与蝎子类似。鞭蝎没有毒腺，但在其腹部后端具有 1 个受惊时能够喷射出醋酸和辛酸混合物的腺体。

鞭蝎肉食性，常在夜间捕食昆虫、多足类、蝎子和鼠妇，有时也会捕食

● 有鞭目形态图

蠕虫和蛞蝓。*Mastigoproctus* 属的大型鞭蝎有时也会捕食小型脊椎动物。截至2011年底，全世界共记录129种鞭蝎，见于东南亚、南亚和拉美地区的热带和亚热带区域，非洲仅知1种。中国已知6个现生种，记录于安徽、浙江、湖南、福建、云南、海南、香港、广东、广西、台湾等地。

无鞭目 Amblypygi

又称鞭蛛（whip spiders）或无尾鞭蝎（tailless whip scorpions）。足展5~70 cm，体宽且极扁，具有坚硬的背甲和分节的腹部，多数8眼，1对中眼位于背甲前方和螯肢上方，其余6眼分为两簇，位于中眼后端两侧。腹部

● 无鞭目形态图

12 节，第一节形成腹柄，体后端无鞭。螯肢 2 节，似蜘蛛螯肢，无毒腺。触肢特化，专门用于捕食，可以像螳螂一样抓住并固定住猎物。第一对足细长，特化为触角样的感觉足，着生有大量感受器，可以伸展数倍于体长，具有许多细小的分节，使得其形似鞭状。鞭蛛只用 6 条腿行走，通常像螃蟹一样横行。对人无害，无丝腺或毒腺，受到威胁时会用触肢引起刺伤。

鞭蛛具有领地行为，主要以节肢动物为食，一生中会蜕皮多次，蜕皮时会把自己悬挂在物体的下方，在重力辅助下将旧的外骨骼蜕掉。

截至 2016 年，全世界已知有 5 科 17 属 155 种，分布于热带和亚热带地区，主要见于温暖潮湿环境，喜隐藏在落叶层、洞穴或树皮下，一些种类生活在地下。夜行性。中国大陆尚无记载，2018 年在中国台湾东南的兰屿岛发现了 1 种：安布神鞭蝎 *Charon ambreae*。

部分种类被作为宠物饲养，作为宠物的鞭蛛通常个体较大，饲养盒需满足两个条件：一是垂直空间足够大，以保证鞭蛛可以爬行和蜕皮；二是保持温度为 21~24 ℃，盒底部需要约 5 cm 厚的基料，以便于鞭蛛挖洞和保持 75% 以上的湿度。鞭蝎的寿命通常是 5~10 年，可以饲喂蟋蟀、黄粉虫和蟑螂。

裂盾目 Schizomida

又称短尾鞭蝎（short-tailed whipscorpion）。个体相对较小（<5 mm），外骨骼弱骨化，头胸部（又称前体部）分为 3 个区域：前区（大的前盾板）、中区（1 对小的中盾板）和后区（1 对较大的后盾板）；腹部（也称后体部）光滑，由 12 个体节构成，第一节退化形成腹柄，最后三节收缩形成尾板，最后一节生有 1 个短的、不超过 4 节的鞭状尾或鞭毛（雌性尾鞭 3~4 节，雄性仅 1 节）。最前面的 1 对步足特化为感觉器官，在它前面是 1 对发达的钳形触肢；最后 1 对足特化为跳跃足，作为它遇到威胁时做出逃跑反应的一部分。眼睛退化或留有眼点，可以区分光线；通过 1 对书肺进行呼吸。

● 裂盾目形态图

　　截至 2020 年，裂盾目全世界共记录 350 余种，包括 3 个科：Calcitronidae（化石，2 种）、哈氏盾科 Hubbardiidae（280 种）和原盾科 Protoschizomidae（12 种）。现生种类多见于热带，通常生活在阴暗、潮湿的土壤上层和岩石、树干的缝隙里，一些种类穴居，少数种类生活在白蚁或蚂蚁巢穴附近或内部。中国已知 3 个现生种：索氏阿盾蝎 *Apozomus sauteri*（发现于台湾高雄）、浙阿盾蝎 *Apozomus zhensis*（发现于浙江杭州）、暹罗巴盾蝎 *Bamazomus siamensis*（记录分布于中国、日本、泰国和美国）。

须脚目 Palpigradi

　　又称微鞭蝎或须脚蝎（microwhip scorpions）。体长（不含尾鞭）不超过 3 mm，平均 1~1.5 mm。无眼。体纤细、乳白色至黄白色。前体部背板分为 3 部分：前背片、中背片和后背片。后体部分节明显，末端具 1 个多节的尾鞭，

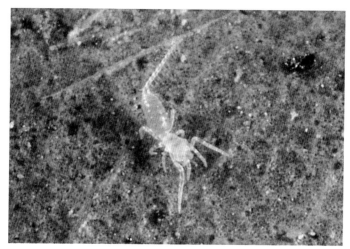

● 须脚目形态图

尾鞭通常 15 节，长度超过体长的 1/2，每一节上着生有多根刚毛，使得尾鞭看起来更像是毛刷。第一对足特化，着生许多感觉器，行走时举起，司感觉功能。触肢步足状，用以行走，因此这类动物看起来好像用 5 对足在行走。一些种类腹部具有 3 对肺囊，但这些并不符合真正书肺的特征，也有一些种类无呼吸器官，直接通过体表进行呼吸。相比于其他蛛形动物，须脚目动物的外骨骼骨化较弱。

　　生活在热带、亚热带潮湿土壤缝隙中，少数种类见于浅珊瑚砂和热带海滩，也见于洞穴。截至 2019 年，全世界共报道了 110 种，隶属于 2 科 8 属，包括 2 个化石种。除南极洲外，每个大洲都有分布。已知的两个科可以通过腹板 IV—VI 节具有囊泡（原须脚蝎科 Prokoeneniidae）或没有囊泡（真须脚蝎科 Eukoeneniidae）来区分。在中国香港和广西曾发现过，被鉴定为广布种——马岛类须脚蝎 *Koeneniodes madecassus*，该种还被记录于马达加斯加、毛里求斯、

塞舌尔、法属留尼旺岛、斯里兰卡、印度尼西亚等地。中国南方亚热带区域应该还会有更多种类有待发现。

·蜘蛛的分类体系与多样性·

科级以上阶元介绍及相互关系

蜘蛛目 Araneae：包括全部蜘蛛，目前已知 120 科 4.8 万多种。身体分头胸部（前体部）和腹部（后体部）两部分，头胸部明显骨化，有 6 对附肢：螯肢、触肢和 4 对步足。螯肢营捕食、防御，触肢营感觉，雄蛛触肢特化为专门传递精子的器官，称为触肢器，背甲前端通常具 8 眼；腹部无附肢，具纺器，体内与丝腺相连；体外消化，吸食；依靠气管和书肺呼吸；雌蛛腹部腹面生殖沟前端具有专门用来接收和储存精子的外雌器。

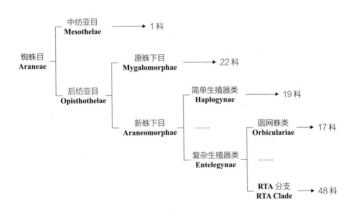

● 蜘蛛目科级以上分类等级示意图

中纺亚目 Mesothelae：蜘蛛中最先演化出来的"最原始"的类群，只包括 1 个科，即节板蛛科 Liphistiidae，目前已知 131 种。腹部背面有背板，被认为是分节的遗迹；纺器 7~8 个（保留有前中纺器），位置靠近腹部腹面中央。

后纺亚目 Opisthothelae：蜘蛛中除了节板蛛外的全部蜘蛛。腹部分节痕迹消失；纺器多为 6 个，位于腹部后端。

原蛛下目 Mygalomorphae：后纺亚目两大类群之一，包括 22 科 3 100 余种。多挖洞或穴巢居，4 个书肺，螯牙纵向，具 6 个或 4 个纺器，前中纺器消失，前侧纺器退化，后侧纺器分 3 节或 4 节。外生殖器结构相对简单，外雌器仅有纳精囊，触肢器只有生殖球和插入器。

新蛛下目 Araneomorphae：后纺亚目两大类群之一，包括了现生绝大多数蜘蛛，已知 97 科 4.5 万余种。生活方式多样，以书肺和气管进行呼吸，螯牙横向，多具 6 个纺器，部分种类保留有前中纺器的功能性纺管（即具有筛器）。除少数原始类群外，大部分可以区分为简单生殖器类和复杂生殖器类。

简单生殖器类 Haplogynae：新蛛下目的两大类群之一，包括 19 科 6 200 余种蜘蛛，因生殖器相对简单而得名。雌蛛腹部的外雌器骨化程度低，只有一个开口，既用于精子的注入，又用于精子的排出；多数类群雄蛛触肢器结构简单，只包括生殖球和插入器；个体以微小型居多。

复杂生殖器类 Entelegynae：新蛛下目的两大类群之一，包括 76 科近 3.9 万种，占全部蜘蛛种类的 80% 以上，得名于生殖器结构相对复杂。雌蛛外雌器明显骨化，精子注入（插入孔）和排出（受精管）分别有各自不同的管道；雄蛛的触肢器也相对复杂，生殖球上可以区分出盾板和亚盾板，盾板上还可以进一步区分出插入器、引导器、中突、盾板突等骨片。除少数类群外，大部分类群可划入圆网蛛类和 RTA 分支分类。

圆网蛛类 Orbiculariae：以园蛛科、球蛛科、皿蛛科为代表，以结圆形网为基础类型而得名，包括 17 科 1.26 万余种蜘蛛。全部为结网蜘蛛。雄蛛触肢器胫节通常无突起。

RTA 分支类 RTA Clade：以跳蛛科、漏斗蛛科、蟹蛛科、平腹蛛科等类群为代表，包括 48 科 2.54 万余种蜘蛛，以雄蛛触肢胫节具有外侧突为共同衍征而得名。既包括结网类群，也包括不结网类群。

蜘蛛目各类群及其多样性

截至 2020 年 3 月 29 日，全世界已知蜘蛛 120 科 4 164 属 48 379 种；中国已知 69 科 812 属 5 075 种。

蜘蛛目分类体系及世界和中国蜘蛛多样性

科以上归属	中文科名	拉丁科名	世界多样性		中国多样性	
			属	种	属	种
中纺亚目 Mesothelae	节板蛛科	Liphistiidae	8	135	5	36
后纺亚目 Opisthothelae 原蛛下目 Mygalomorphae	穴蛛科	Antrodiaetidae	4	37	—	—
	线足蛛科	Actinopodidae	3	73	—	—
	阿特蛛科	Atracidae	3	35	—	—
	地蛛科	Atypidae	3	54	2	17
	螯耙蛛科	Barychelidae	42	294	—	—
	螳蟷科	Ctenizidae	3	52	—	—
	弓蛛科	Cyrtaucheniidae	11	117	—	—
	长尾蛛科	Dipluridae	26	202	1	1
	真螳蛛科	Euctenizidae	7	76	—	—
	盘腹蛛科	Halonoproctidae	6	93	4	27
	异纺蛛科	Hexathelidae	7	45	—	—
	小合蛛科	Hexurellidae	1	4	—	—

续表

科以上归属	中文科名	拉丁科名	世界多样性		中国多样性	
			属	种	属	种
后纺亚目 Opisthothelae 原蛛下目 Mygalomorphae	异蛛科	Idiopidae	22	407	—	—
	大疣蛛科	Macrothelidae	1	33	1	16
	墨穴蛛科	Mecicobothriidae	1	2	—	—
	大合蛛科	Megahexuridae	1	1	—	—
	小点蛛科	Microstigmatidae	8	24	—	—
	四纺蛛科	Migidae	11	102	—	—
	线蛛科	Nemesiidae	45	429	3	18
	鳞毛蛛科	Paratropididae	5	17	—	—
	前纺蛛科	Porrhothelidae	1	5	—	—
	捕鸟蛛科	Theraphosidae	149	983	6	12
后纺亚目 Opisthothelae 新蛛下目 Araneomorphae 原始类群	南蛛科	Austrochilidae	3	10	—	—
	格拉蛛科	Gradungulidae	7	16	—	—
	古筛蛛科	Hypochilidae	2	12	1	2
后纺亚目 Opisthothelae 新蛛下目 Araneomorphae 简单生殖器类 Haplogynae	开普蛛科	Caponiidae	19	124	1	1
	迪格蛛科	Diguetidae	2	15	—	—
	丛蛛科	Drymusidae	2	17	—	—
	石蛛科	Dysderidae	25	574	1	1
	管网蛛科	Filistatidae	19	182	5	20
	弱蛛科	Leptonetidae	21	352	3	119
	花洞蛛科	Ochyroceratidae	10	166	2	15
	卵形蛛科	Oonopidae	113	1 848	14	84
	激蛛科	Orsolobidae	30	180	—	—
	帕蛛科	Pacullidae	4	38	1	1

续表

科以上归属	中文科名	拉丁科名	世界多样性		中国多样性	
			属	种	属	种
后纺亚目 Opisthothelae 新蛛下目 Araneomorphae 简单生殖器类 Haplogynae	幽灵蛛科	Pholcidae	94	1 742	16	226
	距蛛科	Plectreuridae	2	31	—	—
	裸斑蛛科	Psilodercidae	11	196	6	40
	花皮蛛科	Scytodidae	5	245	3	21
	类石蛛科	Segestriidae	4	132	2	7
	刺客蛛科	Sicariidae	3	168	1	3
	泰莱蛛科	Telemidae	10	85	3	46
	四盾蛛科	Tetrablemmidae	27	145	8	15
	洞蛛科	Trogloraptoridae	1	1	—	—
	古蛛科	Archaeidae	5	90		
	原始类群	Eresidae	9	98	2	3
	长纺蛛科	Hersiliidae	16	182	2	10
	胡通蛛科	Huttoniidae	1	1		
	马尔卡蛛科	Malkaridae	11	46		
	展颈蛛科	Mecysmaucheniidae	7	25		
	拟态蛛科	Mimetidae	12	155	3	21
	拟壁钱科	Oecobiidae	6	119	2	9
	原始类群	Palpimanidae	18	151	1	1
	佩蛛科	Periegopidae	1	3	—	—
	斯坦蛛科	Stenochilidae	2	13	1	1
后纺亚目 Opisthothelae 新蛛下目 Araneomorphae 复杂生殖器类 Entelegynae 圆网蛛类 Orbiculariae	安蛛科	Anapidae	58	233	7	12
	园蛛科	Araneidae	176	3 058	50	402
	三角蛛科	Arkyidae	2	38	—	—
	杯蛛科	Cyatholipidae	23	58	—	—
	妖面蛛科	Deinopidae	3	67	1	4

续表

科以上归属	中文科名	拉丁科名	世界多样性		中国多样性	
			属	种	属	种
后纺亚目 Opisthothelae 新蛛下目 Araneomorphae 复杂生殖器类 Entelegynae 圆网蛛类 Orbiculariae	皿蛛科	Linyphiidae	613	4 626	162	403
	密蛛科	Mysmenidae	14	137	8	40
	类球蛛科	Nesticidae	16	278	6	55
	泡眼蛛科	Physoglenidae	13	72	—	—
	派模蛛科	Pimoidae	4	45	3	16
	合螯蛛科	Symphytognathidae	8	74	4	19
	特园蛛科	Synaphridae	3	13	—	—
	合蛛科	Synotaxidae	1	11	—	—
	肖蛸科	Tetragnathidae	50	981	19	141
	球蛛科	Theridiidae	124	2 505	56	402
	球体蛛科	Theridiosomatidae	19	128	10	28
	妩蛛科	Uloboridae	19	286	6	49
后纺亚目 Opisthothelae 新蛛下目 Araneomorphae 复杂生殖器类 Entelegynae RTA 分支类 RTA Clade	漏斗蛛科	Agelenidae	87	1 332	35	445
	暗蛛科	Amaurobiidae	49	274	2	12
	沙蛛科	Ammoxenidae	4	18		
	近管蛛科	Anyphaenidae	56	572	1	6
	红螯蛛科	Cheiracanthiidae	12	354	1	42
	琴蛛科	Cithaeronidae	2	8		
	管巢蛛科	Clubionidae	15	635	5	153
	圆颚蛛科	Corinnidae	68	781	6	20
	栉足蛛科	Ctenidae	48	515	4	10
	并齿蛛科	Cybaeidae	19	264	1	6
	圆栉蛛科	Cycloctenidae	8	80	—	—
	潮蛛科	Desidae	60	298	1	2
	卷叶蛛科	Dictynidae	52	470	13	62

续表

科以上归属	中文科名	拉丁科名	世界多样性		中国多样性	
			属	种	属	种
后纺亚目 Opisthothelae 新蛛下目 Araneomorphae 复杂生殖器类 Entelegynae RTA 分支类 RTA Clade	加利蛛科	Gallieniellidae	10	68	—	—
	平腹蛛科	Gnaphosidae	159	2 526	35	211
	栅蛛科	Hahniidae	23	351	5	48
	无齿蛛科	Homalonychidae	1	3	—	—
	灯蛛科	Lamponidae	23	192	—	—
	光盔蛛科	Liocranidae	32	284	7	29
	狼蛛科	Lycosidae	125	2 431	28	312
	大叶蛛科	Megadictynidae	2	2	—	—
	米图蛛科	Miturgidae	29	136	6	10
	蚁甲蛛科	Myrmecicultoridae	1	1	—	—
	尼可蛛科	Nicodamidae	7	27	—	—
	猫蛛科	Oxyopidae	9	437	4	58
	少孔蛛科	Penestomidae	1	9	—	—
	逍遥蛛科	Philodromidae	31	533	5	58
	刺足蛛科	Phrurolithidae	13	228	3	85
	菲克蛛科	Phyxelididae	14	64	—	—
	盗蛛科	Pisauridae	51	353	11	42
	褛网蛛科	Psechridae	2	61	2	18
	跳蛛科	Salticidae	648	6 176	119	526
	拟扁蛛科	Selenopidae	9	260	2	4
	六眼蛛科	Senoculidae	1	31	—	—
	巨蟹蛛科	Sparassidae	89	1 253	12	160
	斯蒂蛛科	Stiphidiidae	20	125	—	—
	蟹蛛科	Thomisidae	170	2 146	51	304
	隐石蛛科	Titanoecidae	5	54	4	12

续表

科以上归属	中文科名	拉丁科名	世界多样性		中国多样性	
			属	种	属	种
后纺亚目 Opisthothelae 新蛛下目 Araneomorphae 复杂生殖器类 Entelegynae RTA 分支类 RTA Clade	箭蛛科	Toxopidae	14	82	—	—
	管蛛科	Trachelidae	19	244	6	30
	行蛛科	Trechaleidae	17	131	—	—
	转蛛科	Trochanteriidae	21	171	1	12
	雨蛛科	Udubidae	4	15	—	—
	绿蛛科	Viridasiidae	2	7	—	—
	异栉蛛科	Xenoctenidae	4	33	—	—
	拟平腹蛛科	Zodariidae	86	1 164	8	50
	逸蛛科	Zoropsidae	27	182	2	5

· 蜘蛛的生物学 ·

蜘蛛遍布于世界各地，已经征服了除空中和远海外几乎所有的生态环境，如森林、农田、草丛、灌丛、落叶层、石下、洞穴、各种缝隙等。绝大多数蜘蛛都很小（体长 2~10 mm），而一些捕鸟蛛体长可以达到 80~90 mm。雄蛛一般比雌蛛小且寿命较短。蜘蛛几乎全部为肉食性，个别种类取食植物，如中美洲亚马逊丛林中的一种跳蛛（*Bagheera kiplingi*），主食洋槐树叶，偶尔"搭配"少许蚂蚁幼虫作为"配菜"。部分蜘蛛以陷阱或网捕食，而不结网的蜘蛛通常会主动出击或"守株待兔"式捕食。昆虫和其他相对体型较小的动物（也包括

● 孔蛛捕食银鳞蛛

● 猫蛛捕食胡蜂

小鱼、小型两栖类、爬行类，甚至鸟类、哺乳类）是蜘蛛猎物的主要来源。

　　蜘蛛属有毒动物，它们用毒液攻击性地麻痹或杀死猎物。除节板蛛科和妩蛛科蜘蛛以外，绝大多数蜘蛛都有1对毒腺。但是，多数蜘蛛的毒液对人构不

● 梅氏新园蛛捕食叶蝉

成明显伤害，蜘蛛咬伤的危险性远不及蜜蜂、胡蜂、蚂蚁等昆虫的叮咬。在中国分布的毒性相对较强的蜘蛛包括捕鸟蛛、黑寡妇（球蛛科寇蛛属部分种类）、大疣蛛、穴居狼蛛（狼蛛科狼蛛属部分种类）等。

　　蜘蛛营体外消化，即当

● 宽胸蝇虎蛛捕食蛾蜡蝉

蜘蛛借助蛛丝和螯牙制服猎物后，给猎物体内注射的毒液一方面起到麻醉和杀死猎物的作用，另一方面，毒液中的蛋白酶在猎物体内开始发挥作用，将猎物体内组织分解为半液体状，然后通过吸食方式吸入体内，重复多次直到将猎物消化殆尽，仅留一具空壳。

蜘蛛体表多毛，而毛是蜘蛛重要的感觉器官。在步足上还有一些极细且长的软毛，称为听毛，专门用来感知空气的流动。体表除毛以外，还有其他一些感觉器官，如位于步足最端部的跗节近末端背面的一个孔状结构，称为跗节器；还有一种位于除跗节外的步足各节末端侧面，由像琴弦一样的沟组成，称为琴形器。跗节器和琴形器都被认为是化学感受器。

蜘蛛最为独特的特点就是它们能够终生纺丝。蛛丝是结网类蜘蛛非常重要的工具，这类蜘蛛几乎所有的生命活动（捕食、交配、防御、产卵、孵化等）都是在蛛网上完成的。而对于不结网类蜘蛛而言，蛛丝是它们逃生、求偶、编

织和携带卵囊、越冬等行为必备的工具。蛛丝是由腹部内侧的 7~8 种丝腺通过腹部末端纺器上的不同纺管产出的，不同丝腺产出的丝的性能不同，满足于蜘蛛不同的需求，而其中广为人知的，就是大壶状腺通过大壶状腺纺管产出的拖丝，其弹性和韧性在各类蛛丝中是最出色的。

部分蜘蛛幼体刚刚从卵囊内孵化出来后，首先会爬到高处，放出一根或数根细丝来感知风向和风速，当风速足够将它们托起时，它们便"随风而去"，完成其生命活动中非常重要的一个环节——扩散，这样的一种行为通常称为"飞航"。飞航也会发生在个体很小的蜘蛛成熟后，如某些皿蛛的雄蛛。也有一些蜘蛛不会飞航，它们通过运动进行扩散；更有少数蜘蛛，随着人类货物的运输而实现远距离扩散。

蜘蛛捕猎过程大致包括如下阶段：确定猎物位置—用前腿末端的爪抓住猎物—用螯牙咬住并注射毒液—捆绑被麻痹的猎物—进食。圆网类蜘蛛捕猎时还会将猎物搬运至中心区再进食，漏斗蛛会将猎物搬运至漏斗网的颈部进食。

● 长纺蛛蜕皮

蜘蛛全部为卵生，通常雌蛛会将卵产到事先建好的卵囊中，一个卵囊内会有几十到上千头卵。幼蛛孵化后，要经过多次蜕皮才能成熟，蜕皮的次数和体型大小相关。所有蜘蛛的蜕皮过程都可以分为 3 个连续的阶段：抬升甲壳—解放腹部—抽出附肢。通常蜘蛛会倒挂在一根蜕皮丝（拖丝）上进行蜕皮，地表生活的种类则是仰躺在地面上。

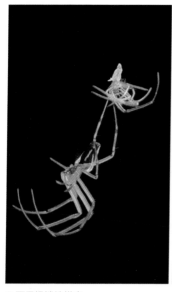 

● 西里银鳞蛛蜕皮   ● 跳蛛蜕皮

蜘蛛全部为雌雄异体。大多数种类的雌蛛个体较雄蛛稍大。这种性二型在很多典型的圆网蛛中尤其明显，雌雄个体甚至相差十几倍，如络新妇。由于体型小，雄蛛与雌蛛相比需较少次数的蜕皮就达到了性成熟，因此，雄蛛通常早于雌蛛成熟，于是在雌蛛尚未进行最后一次蜕皮时就等在雌蛛网上，待雌蛛完成最后一次蜕皮后进行交配。在最后一次蜕皮之后，雄蛛拥有显著加粗且骨化了的触肢跗节，形成了一个独特的专门用于交配时存储和传递精子的器官，称为触肢器，从而能够很容易地与雌蛛相区别（雌性触肢则像缩短的足）。与雄蛛相对应，雌蛛成熟后会在腹部腹面生殖沟中央前方形成一个用于交配时接受和暂时储存精子的器官，称为外雌器。触肢器或外雌器的出现是蜘蛛成熟的重要标志。

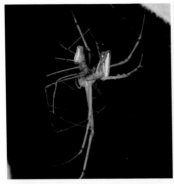

● 西里银鳞蛛交配

● 蚁蛛交配

● 条纹隆背蛛交配

　　和雌蛛相比，大多数雄蛛会在最后一次蜕皮改变其生活习性。它们离开赖以生活和逃避敌害的蛛网或隐蔽场所，开始"四处流浪"，甚至不再捕食猎物，通常它们会将触肢装满精液，到处搜寻同种的雌蛛个体。雄蛛在接近雌蛛时会非常小心，因为它们总是要冒着被当作猎物的风险。为了得到雌蛛的认可，并开始交配，雄蛛会展示出特殊的求偶行为。通常认为雄蛛会在交配期间或之后被雌蛛吃掉，但这仅是极少数种类的作为。大多数情况下，雄蛛交配完就会匆匆撤退。它的触肢会再次装满精液，但这个过程只能重复有限的几次，因为多数雄蛛都十分短命，很多种类的雄蛛一交配完就死去。雌蛛交配后还会存活很长时间，历经产卵及卵囊和幼蛛的看护等时期。也有些雌蛛（如狼蛛），会把自己的卵囊甚至幼蛛携带在自己的身上，在幼蛛孵化并独立生活后才死去。有些较原始类群的雌蛛，在成熟后仍然会蜕皮生长，存活多年（最长人工养殖的记录是 40 年），经历多次交配、产卵等过程。

　　蜘蛛作为猎食者，其天敌相对较少，除了蜘蛛之间

● 盗蛛携带卵囊

● 细豹蛛携带卵囊

● 穴居狼蛛携带幼蛛

的相互捕食之外，一些蜂类（如蛛蜂、蜾蠃）可以捕食蜘蛛，在蜘蛛体表产卵，哺育后代；部分鸟类可以捕食蜘蛛；螳蛉幼虫以蜘蛛卵为食；一些寄生蜂还可寄生蜘蛛的卵。

捕食后

捕食中

● 蛛蜂捕食巨蟹蛛

·各种生境中的常见蜘蛛·

生境	常见科	常见属或种	分布及习性	页码
室内	漏斗蛛科 Agelenidae	家隅蛛 *Tegenaria domestica*	全国分布。在室内墙角结三角形漏斗网	59
	拟壁钱科 Oecobiidae	拟壁钱属 *Oecobius*	全国分布。常见居室拟壁钱 *Oecobius cellariorum* 和船形拟壁钱 *Oecobius navus* 两种，多在室内墙角结小型网	173
		壁钱蛛属 *Uroctea*	全国分布。北国壁钱 *Uroctea lesserti* 见于北方，华南壁钱 *Uroctea compactilis* 见于南方。均在破旧室内墙壁表面结网生活，网双层，周围具放射丝，也见于房屋周边石壁或木板表面	174~175

续表

生境	常见科	常见属或种	分布及习性	页码
室内	幽灵蛛科 Pholcidae	曼纽幽灵蛛 *Pholcus manueli*	见于北方室内。结乱网	—
		六眼幽灵蛛 *Spermophora senoculata*	分布于重庆、四川、浙江和湖南等地。栖息于室内杂物缝隙、衣柜等地，结乱网	184
	花皮蛛科 Scytodidae	刘氏花皮蛛 *Scytodes liui*	分布于福建、江西、贵州和重庆等地。栖息于室内杂物缝隙，有丝，但网不可见	216
	刺客蛛科 Sicariidae	红平甲蛛 *Loxosceles rufescens*	见于南方。多栖息于废弃房屋杂物缝隙中，室外也多见于干热洞穴中	220
	跳蛛科 Salticidae	花哈沙蛛 *Hasarius adansoni*	见于南方。在室内外墙壁表面游猎捕食	199
	巨蟹蛛科 Sparassidae	白额巨蟹蛛 *Heteropoda venatoria*	见于南方。栖息于破烂房屋内，白天常躲在缝隙中，晚上外出捕食	222
	球蛛科 Theridiidae	温室拟肥腹蛛 *Parasteatoda tepidariorum*	全国分布。在室内角落结不规则网，有假死习性	250
	妩蛛科 Uloboridae	广西妩蛛 *Uloborus guangxiensis*	见于南方。多在室内天花板角落或墙边缝隙处结近三角形网，也见于房屋周边	276
居所周边	漏斗蛛科 Agelenidae	机敏异漏斗蛛 *Allagelena difficilis*	分布于北京以南的华北、华中、华南、华东和西南部分地区。多在人工绿化带草丛和灌丛中结漏斗状网	48
		西藏湟源蛛 *Huangyuania tibetana*	见于青藏高原。多在房屋周边墙壁缝隙、树干缝隙中结漏斗状网	50

续表

生境	常见科	常见属或种	分布及习性	页码
居所周边	漏斗蛛科 Agelenidae	拟隙蛛属 Pireneitega	阴暗拟隙蛛 Pireneitega luctuosa 多见于南方，刺瓣拟隙蛛 Pireneitega spinivulva 多见于西北、华北北部、东北等地区。多在房屋周边缝隙处结近似管状网	53 ~ 54
		塔姆蛛属 Tamgrinia	分布于青海、甘肃、西藏、四川和云南等高海拔地区，分布相对广泛的种包括侧带塔姆蛛 Tamgrinia laticeps 和穴塔姆蛛 Tamgrinia alveolifer。在房屋墙壁缝隙处结网	56 ~ 57
	园蛛科 Araneidae	大腹园蛛 Araneus ventricosus	全国分布。多在农村屋檐下、家畜圈舍、废弃房屋周边结大型圆网	72
	卷叶蛛科 Dictynidae	黑斑卷叶蛛 Dictyna foliicola	见于北方城镇内灌丛上，也见于楼房墙壁缝隙处，结小型乱网	—
	幽灵蛛科 Pholcidae	莱氏壶腹蛛 Crossopriza lyoni	见于我国南方的热带地区。多生活于屋檐下，结乱网	183
	花皮蛛科 Scytodidae	半曳花皮蛛 Scytodes semipullata	见于西藏林芝、察隅和亚东。多生活于农村墙壁周围缝隙中	217
	拟扁蛛科 Selenopidae	袋拟扁蛛 Selenops bursarius	多见于南方农村房屋外墙壁。不结网	219
	巨蟹蛛科 Sparassidae	西藏敏蛛 Sagellula xizangensis	多见于四川甘孜和西藏等高海拔地区房屋外墙壁和住宿周边树干缝隙中。不结网	224
	球蛛科 Theridiidae	温室拟肥腹蛛 Parasteatoda tepidariorum	全国分布。在房屋周边石壁等地结不规则网	250
稻田	园蛛科 Araneidae	横纹金蛛 Argiope bruennichi	全国分布。在水稻丛中结中型、具白色丝带的圆网	74

续表

生境	常见科	常见属或种	分布及习性	页码
稻田	管巢蛛科 Clubioidae	管巢蛛属 Clubiona	见于全国大部分地区。在水稻叶面上活动，粽管巢蛛 Clubiona japonicola 会利用水稻叶子结成粽子形状的巢	103
	皿蛛科 Linyphidae	食虫沟瘤蛛 Ummeliata insecticeps	多见于北方。在水稻叶腋间结小型近片状网	—
	狼蛛科 Lycosidae	熊蛛属 Arctosa	印熊蛛 Arctosa indica 见于华南、云南、西藏墨脱等地，田中熊蛛 Arctosa tanakai 见于云南、广西、重庆、贵州、四川等地。生活于稻田田埂泥缝中	142 ~ 144
		带斑狼蛛 Lycosa vittata	见于海南、广西和云南。生活于稻田田埂泥缝中	152
		拟环纹豹蛛 Pardosa pseudoannulata	见于我国南方。多在稻田水面游猎	158
		水狼蛛属 Pirata	真水狼蛛 Pirata piraticus 多见于北方稻田，拟水狼蛛 Pirata subpiraticus 多见于南方稻田。多生活于稻田田埂缝隙和田埂草丛中，结小型片状网，雨后或露水多时明显	159 ~ 160
		小水狼蛛 Piratula	南北方稻田均有，类小水狼蛛 Piratula piratoides 最为常见。结小型片状网，雨后或露水多时明显	160
		类奇异獾蛛 Trochosa ruricoloides	多见于南方稻田。白天藏于稻田泥缝中，晚上外出活动	162
	肖蛸科 Tetragnathidae	肖蛸属 Tetragnatha	多见于南方稻田。在水稻丛中结中型圆网	230 ~ 231

续表

生境	常见科	常见属或种	分布及习性	页码
稻田以外农田	栉足蛛科 Ctenidae	蒙古田野蛛 *Agroeca mongolica*	多见于北方麦地、玉米地和灌草丛。在地表游猎	137
	栅蛛科 Hahniidae	栓栅蛛 *Hahnia corticicola*	见于北方农田地表缝隙、植物叶腋间，以及石下、草根缝隙，在南方见于草根、石下等处。结小型近片状网	—
	皿蛛科 Linyphidae	草间钻头蛛 *Hylyphantes graminicola*	南北均有分布，见于植物叶片背面、草丛等处。结小型近似皿网	135
		食虫沟瘤蛛 *Ummeliata insecticeps*	见于北方农田。在农田、草丛和石下缝隙等处结小网	—
	狼蛛科 Lycosidae	白纹舞蛛 *Alopecosa albostriata*	多见于北方玉米地和灌草丛。在地表游猎	139
		利氏舞蛛 *Alopecosa licenti*	多见于北方玉米地和北方灌草丛。在地表游猎	141
		沟渠豹蛛 *Pardosa laura*	多见于南方菜地。在地表游猎	157
		星豹蛛 *Pardosa astrigera*	多见于北方麦地和玉米地。在地表游猎	156
林区	漏斗蛛科 Agelenidae	迷宫漏斗蛛 *Agelena labyrinthica*	见于北方各地，也见于四川青川、云南昭通、贵州威宁草海等秦岭以南地区。在草地结漏斗网	44
		森林漏斗蛛 *Agelena silvatica*	见于华北南部、华中、华南、华东、西南（除云南和西藏大部分地区）和东北东部地区。多在林区道路两旁草丛、矮树枝叶间结漏斗状网	46
		满蛛属 *Alloclubionoides*	见于长白山林区石块下。结小型网	49
		隙隙蛛属 *Tegecoelotes*	见于长白山林区草丛、朽木缝隙中。结漏斗状网	58

续表

生境	常见科	常见属或种	分布及习性	页码
林区	暗蛛科 Amarobiidae	长白山靓蛛 *Callobius changbaishan*	见于长白山林区朽木缝隙和地表落叶层中。结近似漏斗状网	61
		胎拉蛛属 *Taira*	见于南方林区潮湿墙壁和树皮下，荔波胎拉蛛 *Taira liboensis* 也多见于贵州喀斯特溶洞弱光带。结近似漏斗状网	62~63
	园蛛科 Araneidae	帕氏尖蛛 *Aculepeira packardi*	见于北方灌丛。在灌丛枝叶间结中型圆网	67
		十字园蛛 *Araneus diadematus*	见于北方灌丛。在灌丛枝叶间结中型圆网	68
		花岗园蛛 *Araneus marmoreus*	见于东北地区灌草丛。在灌草丛枝叶间接中型圆网	69
		肥胖园蛛 *Araneus pinguis*	见于北方灌草丛。在灌草丛枝叶间结中型圆网	71
		金蛛属 *Argiope*	见于南方灌草丛。在灌草丛枝叶间结中型圆网	73~76
		艾蛛属 *Cyclosa*	多见于南方灌草丛。在灌草丛枝叶间结中型圆网	78~79
		角类肥蛛 *Larinioides cornutus*	见于北方水边灌草丛，南方高海拔水边也可见其踪影。在水边灌草丛间结中型圆网	86
		菱棘腹蛛 *Gasteracantha diadesmia*	见于热带林区。结圆网	83
		络新妇属 *Nephila*	劳氏络新妇 *Nephila laurinae* 见于广东湛江和广西北海等地水边灌丛；斑络新妇 *Nephila pilipes* 见于广西、广东、海南和云南等地林区。结大型圆网，通常 2~3 层	90~91
		新园蛛属 *Neoscona*	多见于南方灌草丛。在灌草丛枝叶间结中型圆网	88~89

续表

生境	常见科	常见属或种	分布及习性	页码
林区	园蛛科 Araneidae	德氏拟维蛛 *Parawixia dehaani*	多见于热带林区。结圆网	94
		毛络新妇属 *Trichonephila*	棒毛络新妇 *Trichonephila clavata* 北京以南均有分布, 多见于林区山谷。结大型圆网	96
	地蛛科 Atypidae	地蛛属 *Atypus*	见于南方各地。在树干根部结管状网, 地上部分高出地面 10 cm 以上, 地下深 20 cm 以上	98 ~ 100
	红螯蛛科 Cheiracanthiidae	红螯蛛属 *Cheiracanthium*	多见于南方各地。在草丛或树枝叶间游猎, 喜晚上活动, 白天多躲在干枯的落叶间	101 ~ 102
	栉足蛛科 Ctenidae	田野阿纳蛛 *Anahita fauna*	见于东北林地。生活于林中地表草丛中, 夜间游猎	107
		枢强栉足蛛 *Ctenus lishuqiang*	见于重庆、四川等地林区潮湿山谷, 夜间游猎	108
	圆颚蛛科 Corinnidae	严肃心颚蛛 *Corinnomma severum*	见于南方各地。在草丛或树叶上游猎, 形似蚂蚁, 行动迅速	105
	并齿蛛科 Cybaeidae	并齿蛛属 *Cybaeus*	见于长白山林区落叶层石块下。结近漏斗状小网	109
	平腹蛛科 Gnaphosidae	掠蛛属 *Drassodes*	多见于北方灌草丛地表石块下或南方高海拔地区草地石块下。结片状小网	125
		平腹蛛属 *Gnaphosa*	多见于北方灌草丛地表石块下。结小网或不明显	126
	长纺蛛科 Hersiliidae	长纺蛛属 *Hersilia*	见于南方林区树干上或石壁表面。通常游猎捕食, 仅在产卵时结网	133
	皿蛛科 Linyphiidae	卡氏盖蛛 *Neriene cavaleriei*	多见于南方林区。在草丛端部、矮树枝叶间结皿网	135

续表

生境	常见科	常见属或种	分布及习性	页码
林区	光盔蛛科 Liocranidae	田野蛛属 *Agroeca*	主要见于北方林区。在地表落叶层中游猎	137
	节板蛛科 Liphistiidae	宋蛛属 *Songthela* 等	在南方林区分布。在地下穴居,洞口有一个活盖	—
	狼蛛科 Lycosidae	舞蛛属 *Alopecosa*	见于北方林区和高海拔草地。不结网	139 ~ 141
	大疣蛛科 Macrothelidae	大疣蛛属 *Macrothele*	见于南方。在地表各类缝隙处结漏斗状网	166 ~ 167
	米图蛛科 Mituridae	草栖毛丛蛛 *Prochora praticola*	见于南方林区落叶层。不结网	169
	猫蛛科 Oxyopidae	猫蛛属 *Oxyopes*	多见于南方。在林区草丛中,在草丛叶面上捕食	178
	派模蛛科 Pimoidae	派模蛛属 *Pimoa* 等	南北均可有,但主要见于南方。在石缝间结大型或小型片网,蜘蛛倒挂于网上	186
	盗蛛科 Pisauridae	锚盗蛛 *Pisaura ancora*	多见于北方灌草丛。不结网	190
	褛网蛛科 Psechridae	褛网蛛属 *Psechrus*	见于南方,丘陵地区多见,广褛网蛛 *Psechrus senoculatus* 分布相对较广。结大型漏斗型网,外口极大,内口伸入石缝中,蜘蛛常倒挂于网上,有假死习性	192
	跳蛛科 Salticidae	丽亚蛛 *Asianellus festivus*	多见于北方灌草丛。游猎	194
		艾普蛛属 *Epeus*	多见于南方林区。在水边灌草丛游猎	195
		白斑猎蛛 *Evarcha albaria*	多见于南方水边灌草丛。游猎	197
		粗脚盘蛛 *Pancorius crassipes*	多见于南方竹林。游猎	201
		马来昏蛛 *Phaeacius malayensis*	多见于云南橡胶林树干。游猎	202

续表

生境	常见科	常见属或种	分布及习性	页码
林区	跳蛛科 Salticidae	黑斑蝇狼 *Philaeus chrysops*	多见于北方灌草丛。游猎	203
		金蝉蛛属 *Phintella*	多见于南方灌草丛。游猎	204~206
	巨蟹蛛科 Sparassidae	伪遁蛛属 *Pseudoda* 等	见于南方林区地表落叶层或树皮下、石下。夜间游猎	—
	肖蛸科 Tetragnathidae	银鳞蛛属 *Leucauge*	见于南方林区潮湿灌草丛，以西里银鳞蛛 *Leucauge celebesiana* 最为常见。结大型圆网	227~228
		后鳞蛛属 *Metleucauge*	见于南方林区小水流旁灌草丛。结大型圆网	229
	球蛛科 Theridiidae	蚓腹阿里蛛 *Ariamnes cylindrogaster*	见于南方林区。在林区松柏类、蕨类等植物叶片背面结网	240
		丽蛛属 *Chrysso*	见于南方林区。在灌丛叶片背面，结小型网	244
		刻纹叶球蛛 *Phylloneta impressa*	见于北方林区。在北方水边灌丛结小网	250
		白斑肥腹蛛 *Steatoda albomaculata*	见于北方灌草丛。在高海拔草地石块下结小网	252
	蟹蛛科 Thomisidae	鞍形花蟹蛛 *Xysticus ephippiatus*	见于全国大部分地区。在林区草丛中，不结网	—
	隐石蛛科 Titanoecidae	异隐石蛛 *Titanoeca asimilis*	见于青藏高原和北方林区。在石块下结小网	270
淡水水下	卷叶蛛科 Dictynidae	水蛛 *Argyroneta aquatica*	分布于内蒙古和新疆。在水下结球形网，蜘蛛则藏身其中	—
湿地（含江河湖海等水边）	卷叶蛛科 Dictynidae	开展婀蛛 *Argenna patula*	见于新疆南疆水边草丛。在草根部位结小网	—
		带蛛属 *Devade*	分布于西北地区及内蒙古中东部盐碱地水边。在水边石块下、杂物下以及动物粪便下结不规则小网	116

续表

生境	常见科	常见属或种	分布及习性	页码
湿地（含江河湖海等水边）	狼蛛科 Lycosidae	熊蛛属 *Arctosa*	全国分布。生活于水边砂石、泥土等缝隙处，背甲光滑，生活时可见覆盖有类似蜡质的物质。不结网	142~144
		盐狼蛛属 *Halocosa*	多见于新疆南疆、青海格尔木和内蒙古阿拉善地区盐湖湖边。不结网	—
		水狼蛛属 *Pirata*	真水狼蛛 *Pirata piraticus* 分布于北方水边草丛，贵州草海、西藏等高海拔水边也有分布；盗水狼蛛 *Pirata praedo* 分布于内蒙古东部和东北地区水边草丛；拟水狼蛛 *Pirata subpiraticus* 多分布于南方水边草丛。结小型片状网	159~160
		小水狼蛛 *Piratula*	全国分布。见于水边草丛、泥缝等地，南方林区潮湿山谷也可见其踪影。结小型片状网	161
		查氏豹蛛 *Pardosa chapini*	见于南方河边石块下。不结网	157
		忠娲蛛 *Wadicosa fidelis*	多见于南方水边草丛。不结网	163
		旱狼蛛属 *Xerolycosa*	见于新疆、内蒙古和东北地区水边草丛。不结网	164
	肖蛸科 Tetragnathidae	肖蛸属 *Tetragnatha*	见于水边草丛、水渠等处。结大型圆网	230~231
	蟹蛛科 Thomosidae	三突伊氏蛛 *Ebrechtella tricuspidata*	见于水边草丛。不结网	259
喀斯特地貌溶洞	漏斗蛛科 Agelenidae	宽隙蛛属 *Platocoelotes*	见于洞穴弱光带石块下和洞壁缝隙处。结漏斗状网	55
	卷叶蛛科 Dictynidae	布朗蛛 *Brommella*	见于广西洞穴弱光带洞壁凹陷处和地表石块下。多结双层网，蜘蛛位于内层网中	115

续表

生境	常见科	常见属或种	分布及习性	页码
喀斯特地貌溶洞	卷叶蛛科 Dictynidae	洞叶蛛属 *Cicurina*	见于贵州洞穴弱光带地表石块下。结片网或不明显	115
	幽灵蛛科 Pholcidae	幽灵蛛属 *Pholcus*	见于多数洞口弱光区洞壁、凹陷等处。结不规则网	184
	弱蛛科 Leptonetidae	弱蛛属 *Leptoneta*	见于贵州等地洞穴。缝隙中结小片网，蜘蛛倒挂网上	—
		小弱蛛属 *Leptonetela*	见于贵州等地洞穴，缝隙中结小片网，蜘蛛倒挂网上	—
	泰莱蛛科 Telemidae	泰莱蛛属 *Telema* 等	见于广西等地洞穴，在洞壁缝隙中。结小片网，蜘蛛倒挂网上	—
荒漠	卷叶蛛科 Dictynidae	带蛛属 *Devade*	见于西北地区及内蒙古中东部荒漠地区盐碱地水边	116
	平腹蛛科 Gnaphosidae	平腹蛛属 *Gnaphosa*	见于北方荒漠区域。栖息于干燥树皮下、石下等地	126
		伯兰蛛属 *Berlandina*	见于西北荒漠草丛、灌丛、胡杨林等地。栖息于草根、落叶层、干树皮下等生境	—
	狼蛛科 Lycosidae	艾狼蛛属 *Evippa*	舍氏艾狼蛛 *Evippa sjostedti* 体型较大，从新疆到河北均有分布；本属其他体型较小，仅见于新疆和西藏（左贡和八宿）。生活于荒漠地区碎石堆缝隙中	145 ~ 146
		镰豹蛛 *Pardosa falcata*	见于新疆荒漠。游猎	—
		阿塞豹蛛 *Pardosa azerifalcata*	见于新疆荒漠。游猎	—
	蟹蛛科 Thomosidae	花蟹蛛属 *Xysticus*	全国分布。多在地表游猎	167
	隐石蛛科 Titanoecidae	隐石蛛属 *Titanoeca*	多见于北方荒漠地区。在石块下结网生活，常集聚生活	268

漏斗蛛科 Agelenidae

体中型，5~19 mm。全身长满细长的刚毛和短的绒毛。在身体的许多部位还生有许多小的羽状毛，背甲梨形，中窝纵向，颈沟和放射沟明显。腹部近卵圆形，向后趋窄，背面具多个"人"字形斑纹。后侧纺器一般细长。在灌木丛、石缝、篱笆间等处结漏斗状网。

目前全世界已知漏斗蛛 83 属 1 327 种，中国已知 35 属 445 种。

迷宫漏斗蛛 Agelena labyrinthica

雄蛛体长 9~12 mm。背甲褐色，近似梨形，正中和两侧具白毛。腹部卵圆形，黑褐色，具多条"人"字形斑纹。雌蛛体长 8~16 mm，身体较雄蛛肥胖，体色较雄蛛深，其余特征同雄蛛。多在低矮灌草丛处结漏斗状网。

分布：常见于西北、华北中北部地区，也见于云南昭通和贵州威宁；古北区的欧洲和亚洲。

森林漏斗蛛 *Agelena silvatica*

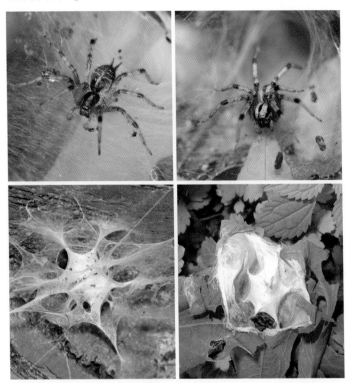

雌蛛体长 9~19 mm。背甲中线两侧具 2 条黑色纵带。腹部卵圆形，背面中线两侧具 2 条黑色纵带和多个灰色"人"字形斑纹。步足胫节具黑色环纹。卵囊绣球状，经吊床状的丝线固定在植物上。通常在林间道路两旁的灌丛间结大型漏斗状网。

分布：华北南部、华中、华南、华东和西南的贵州、重庆和四川中东部地区；俄罗斯远东、韩国和日本。

双纹异漏斗蛛 *Allagelena bistriata*

外形几乎与森林漏斗蛛一致，但本种体型较小，体长 5~9 mm。成熟时间较晚，通常 8—9 月开始成熟。生活环境靠近人类住所。

分布：东北、华北北部和四川北部地区。

机敏异漏斗蛛 *Allagelena difficilis*

　　体型大小、外形和习性与双纹异漏斗蛛相近，在绿化带草坪和低矮灌丛处结小型漏斗状网。

　　分布：华北以南的华中、华南、华东和西南的四川中东部、云南东部地区、贵州和重庆；韩国。

新月满蛛 *Alloclubionoides meniscatus*

雌蛛体长约 10 mm。背甲褐色，眼区色深。螯肢前方膨大。腹部卵圆形，黄褐色，具大量灰黑色斑。常见于长白山地区林间石块下，结长管型近似漏斗状网。

分布：吉林、辽宁。

长鼻满蛛 *Alloclubionoides nariceus*

雌蛛（右图）和雄蛛（左图）外形与新月满蛛无区别，分布范围较狭窄，见于吉林安图和和龙，与其他满蛛在分布上有重叠，只能通过外生殖器结构来区分。

分布：吉林。

西藏湟源蛛 *Huangyuania tibetana*

青藏高原地区特有属种，在该地区非常常见。雌蛛体长 5~9 mm。背甲黄褐色，两侧具大黑斑。腹部卵圆形，背面心脏斑较明显，两侧具黄褐色斑。8—9 月成熟，多在房屋缝隙、灌木丛、树皮缝隙等处结小型漏斗状网。

分布：西藏、青海、四川、甘肃。

波纹亚隙蛛 *Iwogumoa dicranata*

雌蛛体长约 8 mm。背甲灰褐色颈沟和放射沟明显。腹部卵圆形，灰黑色，背面中线附近可见多个浅黄褐色"人"字形斑纹。在石块下、土坡或岩壁的缝隙中结近似漏斗状网。

分布：北京、河北、江苏、辽宁、吉林。

普氏亚隙蛛 *Iwogumoa plancyi*

　　雌蛛体长 5~11 mm。背甲黄褐色，具黑色放射状纹。颈沟和放射沟明显。腹部卵圆形，灰褐色，具许多不规则黑色斑，背面中线两侧隐约可见 4 个灰色"人"字形斑纹。在石块下、土坡或岩壁的缝隙中结近似漏斗状网。

　　分布：华北、华中和西南地区。

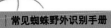

蕾形花冠蛛 *Orumcekia gemata*

体色较浅的隙蛛亚科类群。雄蛛体长 8~10 mm。背甲青褐色，头区稍隆起，色深，眼区具长毛。颈沟和放射沟明显。螯肢棕褐色。步足青褐色，具褐色环纹。腹部卵圆形，背面灰褐色，具许多不规则黑斑，后部可见 5 个白色"人"字形斑纹。雌蛛体长 7~10 mm，除体色较雄蛛浅外，其余特征同雄蛛。10 月成熟，多见于人类住所附近的栏杆、岩壁缝隙等处结近似漏斗状网。

分布：华中、华南和西南地区；越南。

阴暗拟隙蛛 *Pireneitega luctuosa*

体长 8~13 mm。背甲黄褐色至黑褐色。腹部黄褐色，具大量灰黑色斑纹。9 月成熟，华北至南方各地均可见其踪迹。生活于人类住所周边，结近似漏斗状网。

分布：华北南部、华中、华东、西南和西北东部地区；韩国、日本、俄罗斯和中亚地区。

刺瓣拟隙蛛 *Pireneitega spinivulva*

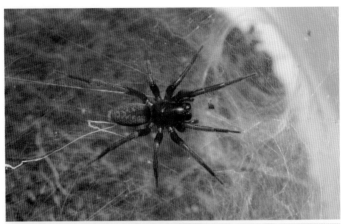

　　外形与阴暗拟隙蛛几乎一致，但体型略大，分布于北方。东北地区也可见黑色、大体型个体。在石下、枯树根部等地结近似漏斗状网。

　　分布：东北、华北、华中北部地区；韩国、日本和俄罗斯。

新平拟隙蛛 *Pireneitega xinping*

　　体型最大的拟隙蛛，体长 14~20 mm。深褐色至黑色。在人类房屋周围墙缝中结近似漏斗状网。

　　分布：华中和西南地区。

类钩宽隙蛛 *Platocoelotes icohamatoides*

雄蛛体长约6 mm。背甲褐色，眼区色深。颈沟和放射沟明显。步足较长。腹部卵圆形，前半部具黄褐色亮斑，后半部具多条"人"字形横纹。雌蛛体长约8 mm，体色较雄蛛略深。结近似漏斗状网。

分布：湖南、贵州。

带旋隙蛛 *Spiricoelotes zonatus*

本种生活于人类住所周边。与拟隙蛛属 *Pireneitega* 的区别在于本种体型较瘦弱，步足细长，体色较浅。雄蛛体长 6~8 mm。背甲灰褐色，可见多条黑色放射状纹。腹部卵圆形，背面具 4 对"人"字形斑纹。结近似漏斗状网。

分布：华北南部、华中、华东和西南地区；日本。

穴塔姆蛛 *Tamgrinia alveolifera*

　　青藏高原特有类群，生活于海拔
2 500 m 以上的人类住所周边，藏族土
胚房的缝隙为其提供了很好的居所。体
型较大，体长 10~20 mm。背甲红褐色
至黑褐色。腹部灰黑色，密被毛。结近
似漏斗状网。

　　分布：西藏、青海、甘肃、四川。

侧带塔姆蛛 *Tamgrinia laticeps*

体型大小和斑纹与穴塔姆蛛完全一致，分布上也存在重叠区域，只能通过外生殖器结构来区分。

分布：云南、四川、青海、西藏、甘肃。

注：塔姆蛛属中，方形塔姆蛛体型较小，体长 8~13 mm，体色浅，多为黄褐色，见于四川小金县、王朗、九寨沟和甘肃文县，其余塔姆蛛体型体色均与穴塔姆蛛类似。但隙形塔姆

蛛 *Tamgrinia coelotiformis* 仅见于甘肃夏河；触形塔姆蛛 *Tamgrinia palpator* 仅见于西藏吉隆沟；半齿塔姆蛛 *Tamgrinia semiserrata* 仅见于四川九龙；西藏塔姆蛛 *Tamgrinia tibetana* 仅见于西藏南木林。

弱齿隅隙蛛 *Tegecoelotes dysodentatus*

　　雄蛛体长约 8 mm。背甲浅褐色，具多条黑色放射状纹。腹部卵圆形，浅褐色。心脏斑明显，灰黑色，其后具多条灰黑色"人"字形斑纹。常见于长白山地区林间草丛和朽木树皮缝隙，结近似漏斗状或管状网。

　　分布：吉林。

家隅蛛 *Tegenaria domestica*

　　雌蛛体长 6~8 mm。背甲褐色，头区稍隆起，色深。步足黄褐色，具褐色环纹。腹部卵圆形，背面黄褐色，具多个灰黑色斑块，前端中线上可见灰色心脏斑。常见于人类住处附近，在室内外墙角处结三角形漏斗状网。扩散可能与人类活动有关。

　　分布：全世界。

暗蛛科 Amaurobiidae

体小至中型，长 4~8 mm。具 8 眼，以 4-4 式排列成 2 行，具筛器。主要生于潮湿山坡、树干、朽木和落叶层中，结近似漏斗状或片状网。

目前全世界已知 49 属 274 种，中国 3 属近 20 余种。全世界分布，但欧洲、北美分布居多。

宋氏暗蛛 Amaurobius songi

体型近似于漏斗蛛科种类，但本种体型较小，雄蛛体长约 3.5 mm，雌蛛体长约 4 mm。头胸部黑褐色，腹部褐色，背面可见横向浅色斑。生活于山谷落叶层中，10 月成熟。常见于四川崇州鞍子河保护区，结小型网。

分布：四川。

长白山靓蛛 *Callobius changbaishan*

　　体型类似于漏斗蛛科隙蛛亚科的物种，但本种体毛较隙蛛浓密。雄蛛体长约 9 mm。背甲黄褐色。步足较长，跗节和后跗节被密毛。腹部卵圆形，灰黑色，被密毛。雌蛛体长约 13 mm，体色较雄蛛深，呈黑色。常居于长白山东坡落叶层和潮湿朽木树皮下，结近似片状漏斗网。

　　分布：吉林。

荔波胎拉蛛 *Taira liboensis*

雄蛛体长 6~7 mm。背甲正中具白色绒毛形成"丫"字形斑纹，两侧黑色，背甲边缘具白毛。腹部卵圆形，黄褐色，具大量黑色斑，密被长毛。雌蛛体长8~9 mm，体色较雄蛛深，步足较雄蛛短外，其余特征与雄蛛相似。常见于贵州和四川南部洞穴弱光带石壁处。洞穴生活的个体体色较浅，结近似片状漏斗网。

分布：四川、贵州。

邱氏胎拉蛛 *Taira qiuae*

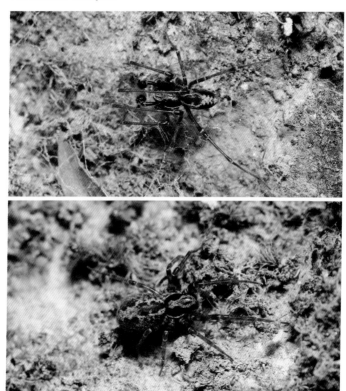

　　雄蛛体长约 5 mm。体型较荔波胎拉蛛纤细，背甲正中纵带和后部两侧富被白毛，腹部心脏斑两侧和后部具大量白毛。雌蛛体长约 6 mm，体型较雄蛛粗短，其余特征同雄蛛。分布最靠北的胎拉，常居于四川九寨沟、陕西秦岭南坡、重庆大巴山和湖北神农架。

　　分布：陕西、四川、重庆、湖北。

近管蛛科 Anyphaenidae

体小至大型，体长 2.5~22 mm。8 眼 2 列，4-4 式。最显著的特征为腹部腹面中部具 1 个大且弯曲的气孔，腹部背面中部具 1~2 对黑斑。多生活于灌木树冠层。

目前全世界已知 56 属 572 种，我国仅知近管蛛属 *Anyphaena* 1 属 6 种。

武夷近管蛛 Anyphaena wuyi

雄蛛体长约 7 mm，雌蛛体长稍大于雄蛛，约 9 mm。幼体多呈棕绿色，具大量白色绒毛形成的白斑，腹部背面隐约可见多对黑色斑。成体颜色多为淡黄褐色至褐色。幼体喜栖息于叶片表面，网管底部相对的叶片通常具一小洞。

分布：福建、贵州、台湾。

深圳近管蛛 *Anyphaena* sp.

体型体色与武夷近管蛛相似，但本种目前仅见于深圳梧桐山。

分布：广东。

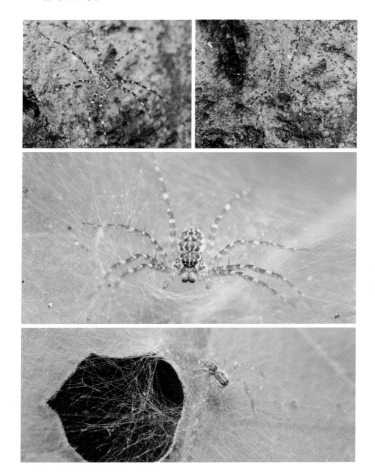

园蛛科 Araneidae

体小至大型，体长 2~60 mm。体型、体色多变。中眼域方形或梯形，多向前突出，前、后侧眼通常互相靠近。腹部背面前端两侧多具角状肩突。雌蛛外雌器腹面通常具 1 个垂体。结圆网，多数种类性二型现象明显。

目前全世界已知 176 属 3 078 种，中国已知 50 属 402 种。

帕氏尖蛛 Aculepeira packardi

雄蛛体长约 6 mm。背甲红褐色，被白色毛。腹部卵圆形，心脏斑明显，灰褐色，两侧具白色叶状斑，中部最宽。雌蛛体长约 11 mm，体色较雄蛛浅，其余特征同雄蛛。常见于灌草丛，结大型圆网。

分布：华北北部、西北地区和西藏；哈萨克斯坦、俄罗斯和北美地区。

十字园蛛 *Araneus diadematus*

　　雌蛛体长约 12 mm。背甲红褐色，被白毛。步足多刺，黄褐色，具红褐色环纹。腹部背面黄褐色，正中白色斑块呈"十"字形排列。常见于灌草丛，结大型圆网。

　　分布：华北、西北和华东北部；全北区。

黄斑园蛛 *Araneus ejusmodi*

　　雌蛛体长 4~6 mm。背甲黑褐色。步足黄褐色，各节末端黑褐色。腹部卵圆形，背面中央具 3 个"山"字形黄白色斑纹，山形纹周围呈黑褐色，而黑褐色斑纹外侧为黄白色。常见于灌草丛，结圆网。

　　分布：华东、华中、西南地区和台湾；韩国和日本。

花岗园蛛 *Araneus marmoreus*

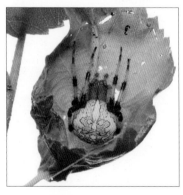

雄蛛体长 10~11 mm。背甲浅红褐色，头区较窄。步足多刺，乳白色和红褐色斑相间排列。腹部灰褐色，散布淡黄色斑块。雌蛛略大于雄蛛。背甲淡红褐色，密被白色绒毛。腹部肥大，具大量黄白色斑纹。常见于灌草丛，结圆网。

分布：华北北部、东北和西北地区；全北区。

黑斑园蛛 *Araneus mitificus*

雌蛛体长 6~9 mm。背甲黄绿色，步足绿色。腹部近球形，前端具 1 个宽的弧形黑色斑，后端具 4 个黑色斑，其余部分由白色和绿色鳞片状小斑组成。常见于灌丛，结圆网。

分布：南方、东北地区南端；菲律宾、新几内亚岛、印度。

五纹园蛛 *Araneus pentagrammicus*

雄蛛体长约 6 mm。背甲黄绿色，较光滑。步足绿色，具黑色长刺。腹部近球形，背面白色，具 4 对肌斑，后半部具横纹。雌蛛略大于雄蛛，体色较雄蛛绿。常见于灌丛，结圆网，同时在圆网旁植物叶片上织一个巢，白天躲于巢内。

分布：华北、华中、华东、华南、西南地区和台湾；韩国、日本。

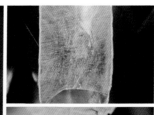

肥胖园蛛 *Araneus pinguis*

雄蛛体长约10 mm。背甲灰褐色，被白色长毛。头区较窄。步足多刺，白色和黑褐色相间排列。腹部黄褐色，前半部具4对肌斑，后半部具灰褐色叶状斑。雌蛛略大于雄蛛。背甲灰白色，密被白毛。步足较雄蛛短。腹部肥胖，近似球形，背面具大量白色斑。常见于灌丛，结圆网。

分布：华北北部和东北地区；韩国、日本、俄罗斯。

大腹园蛛 *Araneus ventricosus*

雄蛛体长 17~29 mm。通体黑褐色，背甲密被白毛。步足粗壮，具大量壮刺。腹部背面叶状斑明显。雌蛛体长 17~29 mm，特征同雄蛛。常见于房屋周边，结大型圆网。

分布：全国各地；日本、韩国和俄罗斯远东地区。

 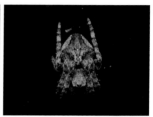

悦目金蛛 *Argiope amoena*

雌蛛体长 20~23 mm。背甲黑褐色，被白毛。步足黑色，前 2 对足有灰白色环纹。腹部黑褐色，肩角隆起。背面具多条横斑。常见于灌丛，结大型圆网，网上可见丝带。

分布：南方各地；韩国、日本。

伯氏金蛛 *Argiope boesenbergi*

雌蛛体长 13~15 mm。背甲黑褐色，密被白毛。步足黑褐色，环纹不明显。腹部近似五边形，肩稍隆起。背面肩角旁具1条宽的米黄色横斑，中间杂具褐色斑点。背面中线上具 2 个近椭圆形的黄色斑，黄色斑外侧具 2 个近三角形的黄色斑。常见于灌丛，结大型圆网，网上可见丝带。

分布：南方各地；韩国、日本。

横纹金蛛 *Argiope bruennichi*

雄蛛体长约 6 mm。背甲淡黄褐色。步足淡黄褐色，细长多刺。腹部背面正中具米黄色梯形纹，两侧银白色。雌蛛体长 18~20 mm。背甲灰黄色，密被银白色毛。步足具黄色、黑色、灰白色环纹。腹部背面具多条黑色横纹。常见于稻田和草丛，结有丝带大型圆网。

分布：全国各地；古北区。

小悦目金蛛 *Argiope minuta*

　　雄蛛体长约 5 mm。头胸部灰褐色，密被白毛。腹部灰白色。雌蛛体长 6~12 mm。背甲黄褐色。步足黑色，环纹不明显。腹部前端平直，肩角稍隆起。背面前端具多条灰白色横带，后端黑褐色。常见于灌丛，结有丝带圆网。

　　分布：西南、华南和华东地区；东亚地区、孟加拉国。

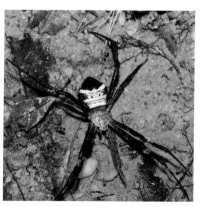

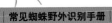

目金蛛 *Argiope ocula*

　　最显著特征为腹部中部具 1 对类似眼睛的圆斑，腹部两侧具白色短斜斑。雌蛛体长 22~29 mm。体色多变，幼体体色以橘红色为主，成体体色灰白色至黑褐色。常见于灌丛，结大型圆网。

　　分布：西南、华南地区；日本。

日本壮头蛛 *Chorizopes nipponicus*

雌蛛体长 4~5 mm。背甲头区隆起，步足纤细。腹部末端具 4 个锥状突。背面遍布白色鳞状斑。常见于草丛，结小型圆网。

分布：南方各地；韩国、日本。

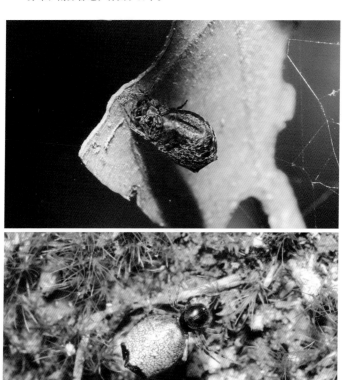

银斑艾蛛 *Cyclosa argentata*

　　雌蛛体长 7~8 mm。背甲头区黑色，胸区黄褐色。腹部细长，前端中间向前微隆。背面具大量白色鳞状斑。常见于灌草丛，结圆网。

　　分布：南方各地。

银背艾蛛 *Cyclosa argenteoalba*

　　雌蛛体长 4~6 mm。背甲黑色。步足黄褐色，具黑褐色环纹。腹部短粗。背面前端两侧黑褐色，后方具大量银白色鳞状斑。常见于灌草丛，结圆网。

　　分布：南方各地；韩国、日本、俄罗斯远东地区。

山地艾蛛 *Cyclosa monticola*

最显著特征为会将杂物织于网上，形成一个棍状堆积物，自己藏于其中。雌蛛体长 5~8 mm。背甲深褐色。腹部近筒状，近末端两侧微隆起。常见于灌草丛。

分布：南方各地和西北地区；韩国、日本、俄罗斯远东地区。

汤原曲腹蛛 *Cyrtarachne yunoharuensis*

雌蛛体长 3~5 mm。背甲红褐色。腹部近似半圆形，背面红褐色，具大量黄白色斑块，肩部具 1 对黑色斑。常见于灌草丛。

分布：南方各地；韩国、日本。

桔云斑蛛 *Cyrtophora citricola*

雌蛛体长 11~15 mm。背甲黑褐色，被白毛。腹部粗短，背面前中后各具 1 对突起。心脏斑明显，橘红色。见于灌草丛、人造栏杆处。

分布：西南地区；非洲、南欧、亚洲、南美和中美地区。

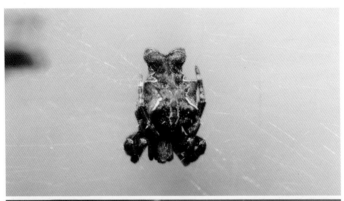

全色云斑蛛 *Cyrtophora unicolor*

　　雌蛛体长 18~28 mm。背甲多毛，红褐色。步足红褐色，多毛多刺。腹部近似三角形，具明显肩突。背面橘红色，具大量瘤突。多见于热带灌丛。

　　分布：华东南部、华南和西南南部地区；亚洲东部和南部地区、大洋洲。

卡氏毛园蛛 *Eriovixia cavaleriei*

雌蛛体长 3~6 mm。背甲黑褐色，密被毛。腹部近似三角形，背面具鳞状斑，末端稍尖，后部两侧具短毛组成的黑白斑块以及对称的波浪状斑纹。常见于灌草丛。

分布：南方各地。

拖尾毛园蛛 *Eriovixia laglaizei*

最显著特征为腹部末端具 1 个类似尾巴状的突起。雄蛛体长 6~7 mm。背甲黄褐色。中窝呈"十"字形。步足黄褐色，具大量黑褐色长刺。腹部近似菱形，背面黄白色，后端有 1 个尾状突，雌蛛体长 6~10 mm，腹部较雄蛛肥大，其余特征同雄蛛。常见于热带地区灌丛。

分布：华南、西南南部地区和台湾；菲律宾、新几内亚岛、印度。

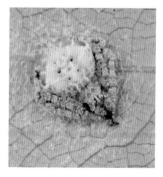

菱棘腹蛛 *Gasteracantha diadesmia*

　　雌蛛体长 6~8 mm。背甲黑褐色，被白毛，头区稍隆。步足红褐色。腹部背面具 3 对红褐色棘，具 3 条鲜黄色横纹及多个对称肌痕。多见于热带地区灌丛。

　　分布：华南地区和云南；南亚、东南亚地区。

哈氏棘腹蛛 *Gasteracantha hasselti*

雌蛛体长 8~10 mm。背甲黑色。步足黄褐色。腹部背面鲜黄色，两侧具3 对几乎等大的黑褐色棘，多见于灌丛，结大型圆网。

分布：华中南部、华南地区和云南；南亚、东南亚地区。

库氏棘腹蛛 *Gasteracantha kuhli*

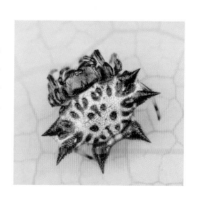

雌蛛体长 5~8 mm。背甲黑褐色。步足有浅黄褐色环纹。腹部具大量银白色鳞状斑，两侧具3 对黑褐色棘，第三对棘相对粗大。多见于南方灌丛，结大型圆网。

分布：南方、东北南部和华北南部地区；日本、南亚、东南亚地区。

多斑裂腹蛛 *Herennia multipuncta*

雄蛛体长约 4 mm。背甲红褐色。步足除腿节为橙色外，其余各节为黑色。腹部呈红褐色，呈球形。雌蛛体长约 10 mm。背甲粗糙。步足除后跗节为褐色外，其余各节为浅黄色，具黑色环纹。腹部背面为白色，扁平革质，具大量黑色凹陷。常见于热带地区树干。

分布：湖南、云南、广东和台湾；南亚、东南亚地区。

黄金拟肥蛛 *Lariniaria argiopiformis*

雄蛛体长 9~11 mm。背甲黄褐
色。步足细长、多刺、黄褐色。腹
部近圆柱形。背面具多条黄色和红
褐色纵纹，末端具黑色斑。常见于
灌草丛，结圆网。

分布：华中、华南、华东和西
南地区；韩国、日本、俄罗斯远东
地区。

角类肥蛛 *Larinioides cornutus*

雄蛛体长约 6 mm。背甲呈淡褐色，具大量白色毛。步足具黑褐色环纹。
腹部卵圆形，背面黄褐色，具大量白色斑，后半部黑褐色叶状斑明显。雌蛛
体长约 10 mm。背甲淡褐色，具大量白毛。步足灰褐色。腹部近球形。背面
灰白色，前半部具 1 个近似"山"字形灰黑色斑，后半部灰黑色叶状斑明显。
常见于水边灌草丛，结圆网。

分布：北方、西南高海拔地区；全北区。

弓长棘蛛 *Macracantha arcuata*

最显著特征为腹部第二对棘非常长。雌蛛成体体长 7~9 mm。背甲黑色。腹部背面略呈弧形，色彩多变，棘 3 对，黑色，第二对棘最长。常见于西双版纳热带雨林。

分布：云南；南亚、东南亚地区。

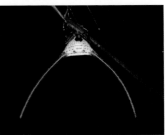

灌木新园蛛 *Neoscona adianta*

雌蛛体长 6~9 mm。背甲淡黄褐色，密被白色绒毛。步足多刺。腹部近球形。背面黄色，具 1 个黑色 "V" 字形大斑。侧缘具黑色斑带。常见于灌丛。

分布：北方、西南高海拔地区；古北区。

梅氏新园蛛 *Neoscona mellotteei*

雄蛛体长约 7 mm。背甲褐色，两侧具黑色弧形纵带。步足较粗壮，多刺。腹部背面绿色，两侧黄褐色。雌蛛体长 5~8 mm。背甲褐色，被白色绒毛。腹部背面嫩绿色或黄绿色，两侧褐色。常见于灌草丛。

分布：南方各地；韩国、日本。

青新园蛛 *Neoscona scylla*

雄蛛体长 8~10 mm。背甲褐色，密被白色刚毛。步足多刺。腹部密生长毛，灰褐色。雌蛛体长 12~15 mm。背甲黑褐色，密生白色长毛。腹部近卵圆形，具大型串珠状白斑。常见于灌丛。

分布：南方各地；韩国、日本、俄罗斯远东地区。

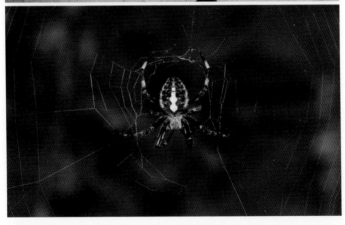

劳氏络新妇 *Nephila laurinae*

　　雌蛛体长约 37 mm。背甲黑色，具大量银色毛。触肢与步足黑色，关节处具橙黄色环纹。腹部筒形，背面黄褐色，近前缘具 1 条黄色横带，沿中线分布具 2 列黄色斑，黄色斑中具黑点。雄蛛体长 6~9 mm。常见于广东湛江、广西北海和海南，结大型圆网。

　　分布：华南地区；东南亚地区、大洋洲。

斑络新妇 *Nephila pilipes*

　　雄蛛体长约6 mm。背甲橘红色。步足暗红色。腹部筒形，橘红色。雌蛛体长约40 mm。背甲黑色，具大量黄色毛。触肢红色，端部黑色。步足黑色。腹部黑色，近前缘具1条黄白色横带，背面沿中线分布具1对黄色纵条纹。本种也常见全黑色型雌蛛。常见于热带地区灌丛，结大型圆网。

　　分布：华东、华南和西南地区；南亚、东南亚地区、澳大利亚。

马拉近络新妇 *Nephilengys malabarensis*

　　雄蛛体长约 5 mm。背甲橘红色。步足黑色。腹部卵圆形，橘红色。雌蛛体长约 16 mm。背甲黑色，较粗糙。步足黑色，具灰白色环纹。腹部近圆形，背面灰褐色，具白色横纹。常见于云南西双版纳树干和屋檐。

　　分布：云南；日本、印度、东南亚地区。

何氏瘤腹蛛 *Ordgarius hobsoni*

最显著的特征为腹部具大量瘤突。雌蛛体长 8~10 mm。背甲灰褐色，腹部近似三角形，具大量瘤突。见于灌草丛。

分布：湖南、广东、云南；日本、印度、斯里兰卡。

对马瓢蛛 *Paraplectana tsushimensis*

体型似瓢虫。雌蛛体长 9~10 mm。前体整体橙黄色，步足跗节黑色。腹部黄色至红色，背面具 16 块对称的黑色斑纹。见于亚热带地区灌草丛。

分布：广东、浙江、湖南、台湾；日本。

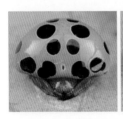  

德氏拟维蛛 *Parawixia dehaani*

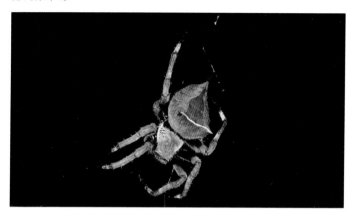

　　雌蛛体长 18~28 mm。背甲黄褐色，具白色毛。腹部呈三角形，末端较尖，背面前方 2 肩角非常明显，肩角间有白色横纹。常见于热带地区灌丛，结大型圆网。

　　分布：华中南部、华南和西南南部地区；南亚、东南亚地区。

羽足普园蛛 *Plebs plumiopedellus*

　　雌蛛体长 8~11 mm。头区隆起，黑褐色。步足具黄褐色环纹。第四步足胫节和后跗节密被黑色羽状毛。腹部前宽后窄，肩角强烈隆起。背面褐色，两肩突的前方各具 1 个黄色的不规则斑，正中具 1 个长三角形大斑。常见于灌丛，结大型圆网。

　　分布：华东南部、华中、西南地区和台湾。

山地亮腹蛛 *Singa alpigena*

雌蛛体长 7~8 mm。背甲、螯肢、下唇、颚叶和胸板均为红褐色。步足腿节红褐色，其余各节黑色。腹部椭圆形，背面黑色，中央具 1 个"中"字形白色斑。多见于灌草丛，结圆网。

分布：华东、华中和西南地区。

棒毛络新妇 *Trichonephila clavata*

雄蛛体长约 6 mm。背甲褐色。步足黑色，有橙色环纹。腹部筒形、褐色，具黄色斑。雌蛛体长约 21 mm。背甲黑色。步足黑色，具黄色环纹。腹部侧面前半部黄色与黑色相间排列，后半部具红色斑纹。常见于湿润山谷灌丛。

分布：华北、南方各地；印度、日本。

叶斑八氏蛛 *Yaginumia sia*

雄蛛体长 4~5 mm。背甲黑褐色，密被稀疏白毛。步足多毛多刺。腹部卵圆形，边缘密被白毛，正中具 1 个黑色叶状大斑。雌蛛体长 9~12 mm。背甲黑褐色。腹部灰白色，中间具 1 个深色叶状斑。常见于房屋周边、水边栏杆等处，白天躲起来，傍晚外出结圆网捕食。

分布：华东、华中、华南、西南地区和台湾；韩国、日本。

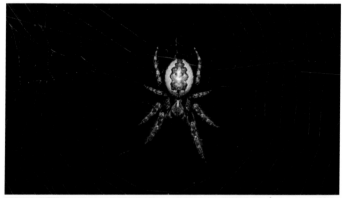

地蛛科 Atypidae

体中型，体长 12~25 mm。眼集于 1 丘或分为 3 组。螯肢发达，长度通常大于背甲长的 2/3，颚叶极长。腹部背面具 1 片背板，腹部末端具 6 纺器。皆为穴蛛。地蛛属 *Atypus* 多在树干根部结管状巢，无开口；硬皮地蛛属 *Calommata* 多在土坡处结有开口的塔巢。

目前全世界已知 3 属 54 种，中国已知 2 属 17 种。

异囊地蛛 *Atypus heterothecus*

雄蛛体长 10~15 mm。背甲黑色，光滑。步足细长，后跗节、跗节红褐色，其余各节黑色。腹部背面具角质背板。雌蛛体长 18~25 mm。背甲褐色，长大于宽。腹部棕黄色，角质背板不明显。

分布：华东、华中、华南、西南地区。

硬皮地蛛 *Calommata* sp.

雄蛛体长 7~10 mm。背甲黑色。步足细长，整体黑色，后跗节、跗节暗红色。腹部黑色，隐约可见角质背板。雌蛛体长 15~25 mm。背甲光滑，呈黄棕色。螯肢粗壮，褐色。步足粗短，黄褐色。腹部黄褐色。硬皮地蛛也有"地黄牛"的俗称。

分布：重庆。

红螯蛛科 Cheiracanthiidae

本科种类外形近似管巢蛛科类群，区别在于红螯蛛体型较管巢大，中窝退化，步足明显长于管巢，后侧纺器分节，跗舟基部外侧面具 1 个明显突起，向胫节方向延伸。多数种类会将叶子卷成粽形巢，在其中产卵。雌蛛有很强的护卵习性。

目前全世界已知 12 属 353 种，其模式属红螯蛛属种类最多，包含了 212 种。在我国，仅知红螯蛛属 1 属 42 种。

岛红螯蛛 Cheiracanthium insulanum

雄蛛体长约 6 mm。背甲黄褐色，头区被白毛。步足细长。腹部卵圆形，背面灰褐色，密被白色绒毛。后侧纺器较长。常见于低矮灌草丛。

分布：南方各地；缅甸、老挝、印度尼西亚、菲律宾。

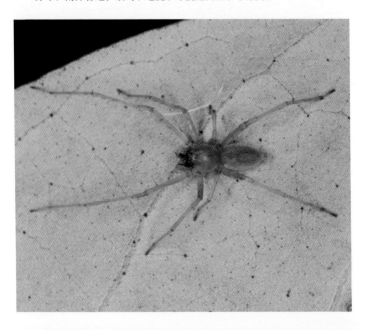

绿色红螯蛛 *Cheiracanthium virescens*

　　雄蛛体长约 11 mm。背甲红褐色，较光滑。螯肢黑红色。触肢细长。步足细长，黄褐色，多毛，关节处具黑色环纹。腹部卵圆形。背面黄褐色，正中具褐色纵斑。雌蛛体长约 12 mm。背甲灰褐色。螯肢黑色。步足细长，灰绿色。腹部卵圆形，背面灰绿色。雌蛛用丝将叶片折叠成粽包形，在此包内产卵孵化，幼体孵化后以母蛛为食。多见于草丛。

　　分布：华北、华中北部和四川北部地区；古北区。

管巢蛛科 Clubionidae

体小至中型，体长 1.5~13 mm。8 眼 2 列，均为白色。步足末端具 2 爪。身体多以淡黄色、褐色或绿色为主。身体圆柱形，游猎型蜘蛛，不结网。多数为夜行性种类。常见于低矮灌草丛和落叶层。

目前全世界已知 16 属 639 种，中国已知 5 属 153 种。

斑管巢蛛 *Clubiona deletrix*

雌蛛体长 4~8 mm。背甲黄褐色，具 2 条 "Y" 字形褐色带，头区边缘处呈黑色。中窝深褐色，纵向。螯肢黑褐色。步足黄褐色，关节处具黑褐色环纹。腹部卵圆形，背面淡黄褐色，具大量灰褐色斑，心脏斑较明显，灰褐色。常见于落叶层和低矮灌草丛。

分布：南方各地；日本、印度。

漫山管巢蛛 *Clubiona manshanensis*

　　雄蛛体长 4~7 mm。背甲灰黑色，头区较高，被白色短绒毛。螯肢黑色。步足灰褐色，多毛，具少量刺。腹部长卵圆形。背面灰褐色，密被白色短绒毛。雌蛛体长 6~11 mm，除体色较雄蛛稍浅外，其余特征同雄蛛。常见于低矮灌草丛。

　　分布：华北、华东、华中和西南地区。

圆颚蛛科 Corinnidae

体小至中型，无筛器，许多种类外形似蚂蚁。体色多为黑色，背甲多为卵圆形，且硬化。8眼2列。步足末端具2爪，具毛簇。腹部有骨化的趋势。体表常形成条纹或其他图案。不结网，常在植物叶片表面游猎生活。

目前全世界已知68属787种，中国已知6属20种。热带地区物种最丰富，也最常见。

严肃心颚蛛 *Corinnomma severum*

雄蛛体长8~9 mm。背甲黑色，光滑，被白色短绒毛。螯肢黑色。步足

黑褐色，具大量白色绒毛，少刺。腹部梨形，末端圆。背面黑褐色，具白色绒毛形成的宽横纹。雌蛛体长约10 mm，除体色较雄蛛稍浅外，其余特征同雄蛛。多见于灌丛。

分布：华中、华南和西南地区；南亚、东南亚地区。

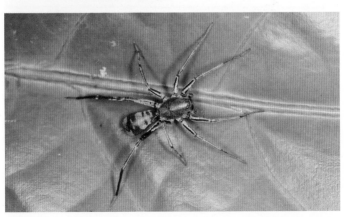

栉足蛛科 Ctenidae

体中至大型，体长5~40 mm。绝大多数8眼3列（以2-4-2或4-2-2式排列）或4列，前侧眼较小，位于后中眼和后侧眼之间，与后中眼较为接近。多为夜行性游猎型蜘蛛。田野蛛属 *Anahita* 常见于草丛，栉足蛛属 *Ctenus* 常见于热带落叶层，亚热带见于潮湿山谷。

目前全世界已知48属519种，中国已知4属10种。

田野阿纳蛛 *Anahita fauna*

雄蛛体长5~8 mm。背甲中部具1条淡黄色纵带，两侧褐色，边缘具黑褐色纹。眼区具白毛。腹部卵圆形，密被黄色毛，心脏斑较明显，其后具数对黑点。雌蛛体长5~9 mm。体色较雄蛛深，步足较雄蛛短粗，腹部卵圆形，背面具2条波状黑色纵纹，其余特征同雄蛛。常见于灌草丛。

分布：东北、华北和华东北部地区；韩国、日本、俄罗斯远东地区。

枢强栉足蛛 *Ctenus lishuqiang*

　　雄蛛 11~14 mm。背甲中央具白色宽纵带，纵带前端较宽，两侧黑色。腹部卵圆形。背面前端具白斑，两侧各具 1 个黑斑。雌蛛体长 12~15 mm。背甲中央具较宽的黄白色纵带，两侧黑褐色，背甲边缘黄色。腹部卵圆形，黄褐色，前端具浅褐色斑。多见于潮湿山谷。

　　分布：四川、重庆。

并齿蛛科 Cybaeidae

并齿蛛体型与漏斗蛛科隙蛛亚科类群非常相似，区别在于本科体表光滑，似有硬壳，腹部具多对较宽大的黄褐色斑纹，雄蛛触肢膝节具多个微齿。

本科全世界已知 19 属 264 种，中国仅知 1 属 6 种，仅在长白山地区有分布，多见于林中石块下。安徽记录的纽带并齿蛛 *Cybaeus desmaeus* 明显不属于本科，应属于卷叶蛛科。

辽宁并齿蛛 *Cybaeus* sp.

雌蛛体长约 6 mm。背甲光滑，黑褐色。步足腿节黑色，其余各节褐色。腹部卵圆形，背面可见多对"人"字形黄褐色宽纹。见于林间石块下。

分布：辽宁。

妖面蛛科 Deinopidae

体中至大型，8 眼 2 列，后中眼大如车灯，前侧眼具眼柄。腹部筒形，中部常常向两侧隆起。步足长，生活时常用最后 1 对足倒挂空中，用前 3 对足携网自主捕食。

目前全世界仅知 3 属 67 种，我国仅知 1 属 4 种。

六库亚妖面蛛 Asianopis liukuensis

雄蛛体长约 15 mm。背甲灰褐色，正中具 2 条白色纵带。步足细长。腹部长筒形。灰褐色，正中具黑色纵带。雌蛛体长约 20 mm。后中眼发达。头胸部棕褐色。步足长，第一步足最长，其余步足长度依次递减。腹部呈长棒状。背面棕褐色，中部稍向背侧弯曲。背面正中具 1 条褐色纵斑，两侧呈灰褐色。见于低矮灌丛。

分布：云南、广东；印度。

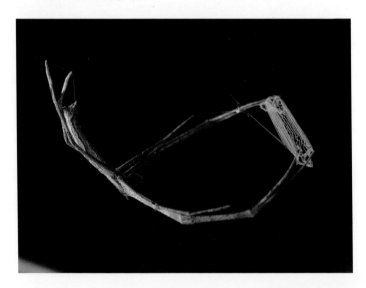

潮蛛科 Desidae

体中至大型，8 眼 2 列，呈 4-4 式排列，3 爪。潮蛛属 Desis 螯肢向前强烈延伸。

目前全世界已知 60 属 297 种，中国仅知 2 属 2 种。唐氏社蛛 Badumna tangae 仅见于高黎贡山中部和北部，多在树干上结网生活。马氏潮蛛 Desis martensi 见于海南潮间带。

马氏潮蛛 Desis martensi

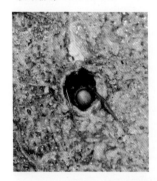

雄蛛体长约 7 mm。身体长筒形，幼体色浅，近白色。背甲褐色，前半部分色深。螯肢膨大，黑褐色，向前强烈延伸。步足淡黄褐色，多毛。腹部长卵圆形。背面淡灰褐色，无明显斑纹，被密毛。雌蛛体长约 9 mm，体色较雄蛛深，步足毛较雄蛛浓密，其余特征同雄蛛。见于海边潮间带，涨潮时躲入巢穴中。

分布：海南。

卷叶蛛科 Dictynidae

体小至中型，多数种类有筛器，筛器多分隔（少数种类具不分隔筛器）。头区明显高于胸区，并密被细毛。多数 8 眼 2 列，呈 4-4 式排列，少数 6 眼（前中眼退化）甚至无眼，3 爪。多在植物叶片背面、树皮、石块间、建筑物角落、落叶层中结中小型网。

目前全世界已知 52 属 470 种，中国已知 13 属 62 种。

南木林阿卷叶蛛 *Ajmonia namulinensis*

雄蛛体长约 3 mm。背甲黑褐色，边缘黄褐色。头区隆起，被稀疏白色毛。腹部卵圆形。背面灰白色，正中具红褐色至黑褐色斑纹。雌蛛特征同雄蛛。常见于柳树树干。

分布：西藏拉萨和日喀则地区。

散斑布朗蛛 *Brommella punctosparsa*

　　雌蛛体长 2~3 mm。背甲淡黄褐色，头区颜色较深。步足较长，与头胸甲颜色相同。腹部卵圆形。背面灰黑色，密被灰白色短绒毛，可见金属光泽。常见于落叶层、洞穴、石块下、老房屋内。

　　分布：华东、华中和西南地区；韩国、日本。

萼洞叶蛛 *Cicurina calyciforma*

　　雌蛛体长约 3.5 mm。背甲青灰色，光滑。步足腿节具金属光泽。腹部黄褐色，密被毛。常见于落叶层。

　　分布：安徽黄山。

且末带蛛 *Devade qiemuensis*

　　雄蛛体长约4 mm。背甲淡黄褐色，头区色深，褐色。步足多毛，几乎透明。腹部卵圆形。背面灰褐色，密被白色短毛。雌蛛体长约5 mm。背甲黄褐色，较光滑。步足黄褐色，多毛。腹部卵圆形。背面灰白色，多毛，具多条"人"字形黑色斑。常见于沙漠盐湖、河流等水边沙地，在石块、废弃物、动物粪便下结不规则乱网。

　　分布：新疆、内蒙古、青海、河北。

猫卷叶蛛 *Dictyna felis*

雄蛛体长 3~4 mm。背甲红褐色，密被白色短绒毛。步足红褐色，多毛。腹部卵圆形，末端稍尖。背面褐色，密被白色绒毛。雌蛛体长 4~6 mm，较雄蛛肥胖，其余特征同雄蛛。常见于植物叶片上，尤其在陕西人工种植的山茱萸上非常常见。

分布：全国各地；韩国、日本、俄罗斯远东地区。

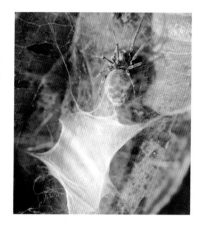

大卷叶蛛 *Dictyna major*

雄蛛体长约 2 mm。背甲黑褐色。步足黄褐色，关节处具白色环纹。腹部卵圆形，末端稍尖。背面灰白色，心脏斑明显，黑色，其后具大型褐色三角形斑。雌蛛体长约 3 mm，较雄蛛肥胖，其余特征同雄蛛。常见于建筑物墙角和低矮灌草丛。

分布：华北和西北地区；全北区。

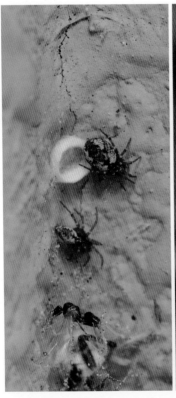

近阿尔隐蔽蛛 *Lathys subalberta*

　　雌蛛体长约 2 mm。背甲褐色，头区稍隆起，头区两侧具黑色纵条纹。步足黄褐色，具黑褐色环纹。腹部肥圆。背面黄褐色，具白色和黑色斑。心脏斑明显，黑色。其后具多对黑色斑。常见于树皮缝隙。

　　分布：东北、华东、华中、西北东部和西南地区。

赫氏苏蛛 *Sudesna hedini*

雄蛛体长约 3 mm。背甲黑红色，头区隆起，黄褐色，密被白毛。步足黄白色，多毛。腹部白色，具褐色斑纹，肌斑明显。雌蛛体长约 4 mm。整体白色。眼睛透明如水滴。头区两侧具褐色纵纹。步足色浅，多毛。腹部肥圆。具 1 个褐色小斑和黑色大斑，肌斑 3 对。常见于低矮灌丛叶片背面。

分布：华北、东北南部、华东、华中和西南地区；韩国。

林芝苏蛛 *Sudesna linzhiensis*

雄蛛体长约2.5 mm。背甲黑褐色，边缘色浅。头区稍隆起，具3条白色纵纹，后端相连。步足黄褐色，具褐色环纹。腹部卵圆形。背面褐色，具2条白色纵带。雌蛛体长约3 mm，除体色较雄蛛浅外，其余特征同雄蛛。常见于树皮缝隙。

分布：西藏林芝地区、四川甘孜和阿坝地区。

隆头蛛科 Eresidae

体小至大型，3 爪，有筛器，头区隆起。"一类爱打麻将的蜘蛛"。隆头蛛属 *Eresus* 雌蛛多为全黑型，雄蛛腹部颜色鲜艳，呈"四筒"状，步足具红色斑和白色环纹；穹蛛属 *Stegodyphus* 雌蛛多为土黄色，雄蛛腹部两端具黄色斑。

目前全世界已知 9 属 99 种，中国仅知 2 属 3 种。隆头蛛属见于北方，穹蛛属仅见于云南大理。

粒隆头蛛 Eresus granosus

雄蛛体长约 9 mm。背甲方形，黑色，后方边缘具红色斑。步足较粗短，黑色，前 2 对具白色环纹，后 2 对具红色斑。腹部卵圆形，黑色，背面为红色，具 2 对大而圆的黑色斑。雌性体长约 17 mm，整体黑色，较为肥壮。

分布：华北北部地区。

胫穹蛛 *Stegodyphus tibialis*

雄蛛体长约7 mm。背甲黑色，螯肢处具黄色斑。前2对步足粗壮，胫节黑色。腹部卵圆形，两端黄色，中部黑色。雌蛛体长约11 mm。背甲方形，密被黄灰色毛。腹部卵圆形，密被黄灰色毛，肌斑明显，后方具多条灰白色横纹。

分布：云南；缅甸、泰国、印度。

管网蛛科 Filistatidae

体小至中型，具筛器。头区前部较窄，8 眼密集着生在 1 个小的眼丘上。下唇长宽相当，与胸板愈合。步足末端具 3 爪。

目前全世界已知 19 属 182 种，中国 4 属 19 种。

西藏幽管网蛛 *Pholcoides* sp.

雄蛛体长约 8 mm。背甲近圆形，眼区稍隆起，色深。步足细长。腹部筒形，黄褐色，密被毛。雌蛛体长约 9 mm，体色较深，步足较雄蛛短，其余特征同雄蛛。常见于室内墙角和缝隙。

分布：西藏昌都地区。

平腹蛛科 Gnaphosidae

背腹扁平或略呈圆柱状。体色单一，多呈黑色。8 眼 2 列，后中眼多呈"八"字形。纺器只有 1 节，末端平截如刀切。北方多见于草地、林地石块下，南方多见于落叶层，结小型网或网不明显。

目前全世界已知 159 属 2 539 种，中国已知 35 属 211 种。

锯齿掠蛛 *Drassodes serratidens*

雌蛛体长约 9 mm。背甲密被黄褐色短毛。后中眼白色，"八"字形。腹部卵圆形。背面棕黄色，心脏斑明显，黑色。其两侧和后方具多对黑色斑。背面后半部具不明显黑色横纹。多见于草地石块下。

分布：华北、华东、华中、西北和西南高海拔地区；韩国、日本、俄罗斯远东地区。

曼平腹蛛 *Gnaphosa mandschurica*

　　雄蛛体长约9 mm。背甲梨形，具金属光泽，黄褐色，具不规则黑色斑。后中眼白色，"八"字形。腹部卵圆形。背面黑褐色，具少量褐色斑。纺器深褐色，末端平截。多见于林地石块下。

　　分布：东北、华北、西北和西南高海拔地区、甘肃；尼泊尔、蒙古、俄罗斯。

宋氏丝蛛 *Sergiolus songi*

　　雄蛛体长6~7 mm。背甲梨形，亮黑色。步足黑色，密被白色短毛。腹部卵圆形。背面黑色，前缘具1条白色宽横纹，中后部具1条白色窄横纹。纺器黑色。多见于低矮灌草丛。

　　分布：重庆、安徽、湖北。

亚洲狂蛛 *Zelotes asiaticus*

雌雄均为全黑型。雄蛛体长约 5 mm。背甲较光滑。腹部卵圆形，被白色短毛。雌蛛体长稍大于雄蛛，其余特征同雄蛛。多见于落叶层。

分布：华北、华东、华中和西南地区；东亚地区。

栅蛛科 Hahniidae

体小至中型，体长 2~6 mm。8 眼 2 列或 6 眼（前中眼消失）。体型与漏斗蛛相近，体色单一，所有纺器排列成一横列。常见于落叶层。

目前全世界已知 23 属 351 种，中国目前已知 5 属 48 种。

喜马拉雅栅蛛 *Hahnia himalayaensis*

雄蛛体长约 2.6 mm。背甲褐色，较光滑。头区颜色较深，胸区边缘黑褐色，步足褐色，具灰褐色斑纹。腹部褐色，卵圆形，具深褐色斑纹。背面中线附近具 3~4 个"人"字形和 4 个不规则的褐色斑纹。雌蛛体长约 3.0 mm，除体色较雄蛛浅外，其余特征同雄蛛。多见于落叶层。

分布：西南地区；越南。

近栓栅蛛 *Hahnia subcorticicola*

雄蛛体长约 1.8 mm。背甲灰褐色，较光滑，头区隆起，色深。步足黄褐色，具灰褐色环纹。腹部卵圆形。背面黑褐色，中线附近具 1 个近梯形和 3 个"人"字形褐色斑纹。雌蛛体长约 2 mm，体型体色同雄蛛。多见于落叶层。

分布：重庆、湖北、安徽。

浙江栅蛛 *Hahnia zhejiangensis*

雄蛛体长约 2.5 mm。背甲褐色，较光滑，头区、胸区的中部和边缘颜色较深。步足黄褐色，具黑褐色环纹。腹部卵圆形。背面黑色。雌蛛体长约 3 mm。体色较雄蛛浅，腹部背面具明显的"人"字形斑纹，其余特征同雄蛛。多在林间小道两旁树叶下结网生活。

分布：华东、华中和西南地区。

盘腹蛛科 Haloonoproctidae

1901 年，由 Pocock 作为螲蟷科 Ctenizidae 下的一个亚科而建立，1903 年被他提升为科。同年被 Simon 并回螲蟷科，一直到 2018 年被 Godwin 等人作为科重新生效。体中至大型。穴居，洞口有盖。盘腹蛛属 *Cyclocosmia* 腹部后方具"印章"。

目前全世界已知 6 属 94 种，中国已知 4 属 28 种。

宽肋盘腹蛛 *Cyclocosmia latusicosta*

雌蛛体长 25~35 mm。背甲较光滑，呈黑褐色。步足粗短。腹部后方具 1 个高度角质化的腹盘，似"印章"。穴居，洞口具活盖。

分布：广西、云南；越南。

巴氏拉土蛛 *Latouchia pavlovi*

雄蛛体长 10~15 mm。背甲近圆形，黑色，较光滑。步足黑色，密被毛。腹部近球形，较头胸部色浅。雌蛛略大于雄蛛，体色较浅，步足粗短，其余特征同雄蛛。

分布：河北、河南、陕西、山东、四川。

角拉土蛛 *Latouchia cornuta*

雌蛛体长 12~14 mm。背甲灰褐色，头区隆起，眼后方具 1 列状刺。步足粗短，灰褐色。腹部卵圆形，浅灰褐色。

分布：陕西、河北、北京。

长纺蛛科 Hersiliidae

体小至中型，身体扁平，8眼生在1个大的眼丘上，3爪，后侧纺器非常长。常见于南方石壁和树干上。

目前全世界已知16属182种，中国已知2属10种。

波纹长纺蛛 *Hersilia striata*

雄蛛体长约9 mm。背甲褐色，密被白毛，放射沟明显。步足细长，褐色，多毛，第三对明显较短。腹部卵圆形。背面灰绿色，多毛。纺器较长，超过体长。雌蛛体长约10 mm。背甲褐色，具黑色波浪状纹。步足细长，褐色，具灰白色环纹。腹部前端窄后端宽，两侧黑色，背面具黑色、灰绿色和白色鳞状斑。常见于树干上。

分布：西南和华南地区；缅甸、泰国、印度尼西亚、印度。

古筛蛛科 Hypochilidae

体中型，7~13 mm。8眼2列，3爪，筛器不分隔。生活时腹部腹面明显可见4个椭圆形呈黄色的书肺。多见于第四纪冰川遗迹的流石滩，在石缝和土缝间结类似褛网蛛的片网。

目前全世界仅知2属12种，中国仅知延斑蛛属 *Ectatosticta* 1属2种。

德氏延斑蛛 *Ectatosticta deltshevi*

雌蛛体长约13 mm。背甲黄褐色，正中具褐色纵带，边缘褐色。步足细长，黄褐色，具黑褐色斑纹。腹部球形，褐色，具黄色斑点，腹面明显可见4个黄色椭圆形的书肺。多见于山区土缝。

分布：青海西宁地区。

皿蛛科 Linyphiidae

体小型，头胸部变化多样，前端常凸起。8 眼 2 列，雄蛛螯肢侧面多具发声嵴。常见于任何环境中。

目前全世界已知 613 属 4 623 种，中国 162 属 403 种。

草间钻头蛛 *Hylyphantes graminicola*

雌蛛体长 3~4 mm。背甲光滑，头区稍隆起。步足淡黄褐色。腹部卵圆形，褐色至黑色，无明显斑纹。

分布：全国各地；古北区。

卡氏盖蛛 *Neriene cavaleriei*

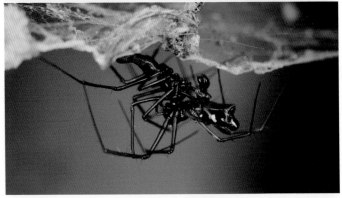

　　雄蛛体长约6 mm。背甲黑褐色。步足细长，黑色。腹部黑色，末端向背面翘起。雌蛛体长5~6 mm。背甲黑色。步足黄褐色，具黑色环纹。腹部背面黑色，具不规则褐色斑，侧面具明显白斑。末端向上隆起。常见于低矮灌草丛，在植物间结复杂皿网，蜘蛛倒挂网上。

　　分布：南方各地；越南。

光盔蛛科 Liocranidae

体小至中型，眼区较窄。多 8 眼 2 列，2 爪。腹部卵圆形，部分表面多硬化。营游猎生活。北方常见于农田和灌草丛，南方常见于落叶层。

目前全世界已知 32 属 283 种，中国已知 7 属 29 种。

蒙古田野蛛 Agroeca mongolica

雌蛛体长 6~8 mm。背甲褐色，边缘色深，正中两侧具黑褐色宽纵纹。步足深黄褐色，多毛，具少量刺。腹部卵圆形。背面黄褐色，具大量黑褐色波浪状纹。常见于草丛和落叶层。

分布：华北和东北地区；蒙古、韩国。

普氏膨颚蛛 Oedignatha platnicki

雄蛛体长约 10 mm。体被盔甲，通体黑色。螯肢膨大，黑褐色。步足细长，深黄褐色，前 2 对足胫节和后跗节具成对腹刺。常见于落叶层。

分布：台湾、广东、香港。

节板蛛科 Liphistiidae

体中至大型，形态保守，不同属种也有相近的外观。头区隆起，眼集于1丘，中窝横向。步足末端具3爪，无毛丛或毛簇。腹部多为近球形，背面具数个分节的背板。纺器位于腹部腹面中央，部分种类雄雌外观差异大。

目前全世界已知8属131种，为亚洲特有科，中国已知5属32种。

中华华纺蛛 *Sinothela sinensis*

雌蛛体长25 mm左右。背甲红灰色，前缘黑色，眼丘贴近背甲前缘。螯肢粗壮，呈黑色。步足多刺，基节、转节色深，其余节红灰色。腹部黄灰色，背面具多个角质的背板，前4枚大小相近，从第五枚开始变小，纺器位于腹部腹面中央位置。穴居，多栖息于旱田周围的堤坡，洞口有活盖，夜间在洞口伏击猎物。

分布：河北、陕西、山西、山东。

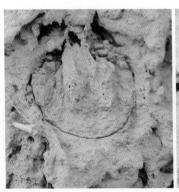 

狼蛛科　Lycosidae

体小至大型。8 眼 3 列，呈 4-2-2 式排列。3 爪。雌蛛具用纺器携带卵囊和腹部携幼等特殊行为而区别于蜘蛛目任何一科。多游猎生活，少数种类结漏斗型网或片网。常见于各种生境。

目前全世界已知 125 属 2 439 种，中国已知 28 属 312 种。

白纹舞蛛　*Alopecosa albostriata*

雄蛛体长约 11 mm。背甲正中具宽纵带，灰白色，两侧黑褐色至黑色。腹部卵圆形，背面灰褐色至黑褐色，正中可见 1 条白色纵纹。雌蛛体长约 19 mm。背甲灰褐色，密被黄褐色毛。腹部卵圆形，背面灰褐色，具不规则黑色斑。常见于干旱山谷草地。

分布：东北、华北、西北和西南高海拔地区；韩国、俄罗斯、哈萨克斯坦。

细纹舞蛛 *Alopecosa cinnameopilosa*

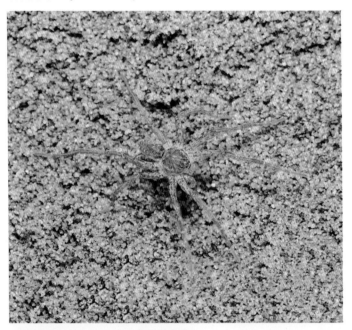

雄蛛体长约 11 mm。背甲灰褐色，被白色短绒毛。步足细长，密被毛。腹部卵圆形，两侧具白色斑点。雌蛛体长约 14 mm，体型较雄蛛肥胖，体色较深，其余特征同雄蛛。常见于芦苇荡等水边植物中。

分布：北方各地；韩国、日本、俄罗斯远东地区。

利氏舞蛛 *Alopecosa licenti*

背甲前缘至腹部末端具 1
条非常明显的灰白色宽纵带。
背甲灰白色纵带两侧黑色，腹
部纵带两侧具多对黑色斜纹。
雄蛛体长约 15 mm，雌蛛稍大于
雄蛛。常见于玉米地、杂草丛。

分布：北方各地；韩国、
蒙古、俄罗斯远东地区。

印熊蛛 *Arctosa indica*

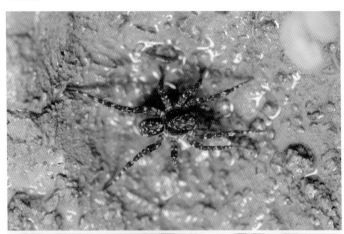

　　褐色至黑褐色，全身可见白色短毛形成的白色斑。雄蛛体长约9 mm，雌蛛稍大于雄蛛。常见于热带、亚热带地区稻田泥缝。

　　分布：华中、华南和西南地区；泰国、印度。

泉熊蛛 *Arctosa springiosa*

　　背甲黑褐色，正中隐约可见褐色斑。腹部背面两侧黑色，正中具明显黄褐色斑纹，前端最深。雄蛛体长约 6 mm，雌蛛稍大于雄蛛。常见于水边农田或草地。

　　分布：华东南部、华中和西南地区；泰国。

田中熊蛛 *Arctosa tanakai*

本种与印熊蛛非常相似，并经常同域分布。但本种较印熊蛛小，第一对步足腿节具明显白色环纹，背甲可见绿色金属光泽。雄蛛体长约 8 mm，雌蛛体长 7~9 mm。常见于稻田泥缝。

分布：西南地区；泰国、马来西亚、菲律宾。

暗色艾狼蛛 *Evippa lugubris*

雄蛛体长约 7 mm。整体黑色，密被灰白色绒毛。背甲头区窄且隆起，后面具 1 个横窝。腹部卵圆形。雌蛛体长约 8 mm，体色较雄蛛浅，其余特征同雄蛛。多见于水边碎石堆。

分布：西藏左贡县和八宿县。

舍氏艾狼蛛 *Evippa sjostedti*

　　雄蛛体长约 10 mm。背甲灰褐色，正中两侧具黑色纵纹。头区隆起，后部凹陷。步足特长，灰白色，具黑褐色斑和大量刺。腹部卵圆形，背面灰褐色，具大量黑色斑。心脏斑较明显。雌蛛体长约 14 mm。腹部密被毛，除体色较雄蛛浅外，其余特征同雄蛛。多见于荒漠地区，行动迅速。

　　分布：西北、华北和华中北部地区。

猴马蛛 *Hippasa holmerae*

雄蛛体长约 5 mm。背甲灰绿色至黄褐色。腹部长卵圆形，背面灰绿色至黄褐色。心脏斑明显，后部具多条白色横纹。雌蛛体长约 6 mm，体色较雄蛛深外，其余特征同雄蛛。常见于杂草丛，结小型漏斗状网。

分布：华东南部、华南、华中和西南南部地区；泰国、马来西亚、新加坡、菲律宾、印度。

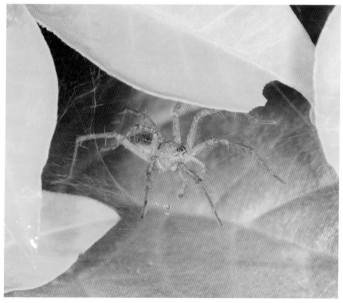

狼马蛛 *Hippasa lycosina*

　　雌蛛体长约 14 mm。背甲灰绿色，被白色绒毛，正中具 1 条白色窄纵纹，亚边缘白色。步足粗壮，较长，灰绿色，多毛多刺，具少量黑色环纹。腹部长卵圆形，背面灰绿色，心脏斑两侧具 1 对白色纵条纹，后部具数条白色横纹，横纹两侧具白色斑点。常见于雨林，结大型漏斗状网。

　　分布：云南西双版纳地区；老挝、印度。

大狼蛛 *Lycosa magnifica*

雄蛛体长约 17 mm。背甲两侧具明显黑色宽纵带，纵带中间和两侧灰白色。腹部卵圆形，背面正中可见黑色菱形心脏斑，前缘两侧黑色。雌蛛体长约 24 mm，体色较雄蛛浅。常见于江边石块下。

分布：西藏林芝地区。

山西狼蛛 *Lycosa shansia*

雌蛛体长 25~30 mm。背甲黄褐色至灰黑色，具放射状黑色斑。螯肢黑褐色至红褐色。步足粗壮，黄褐色至灰黑色，具黑色斑。腹部卵圆形，背面黄褐色至灰黑色，散布黑色斑点，后半部具不明显"人"字形斑纹。常见于水边草地和沙地，穴居，洞较深。

分布：北方各地；蒙古。

铃木狼蛛 *Lycosa suzukii*

雄蛛体长 15~18 mm。背甲正中纵带窄，灰褐色，两侧具黑色宽纵带，背甲边缘灰褐色。腹部卵圆形，前端两侧黑色。背面灰褐色，正中具黑色斑。雌蛛体长约 26 mm。背甲与雄蛛相同。腹部较大，卵圆形，背面灰褐色，散布灰褐色斑。心脏斑两侧和后方具黑色斑。常见于水边草丛。

分布：东北、华北、华东北部、华中北部和西北东部地区；韩国、日本、俄罗斯。

带斑狼蛛 *Lycosa vittata*

雄蛛体长约15 mm。背甲红褐色，具白色纵纹。步足褐色至红褐色，较长，前2对步足胫节和后跗节背面具白毛。腹部卵圆形，末端较尖。心脏斑较大，黑色，两侧具1对灰白色弧形斑。雌蛛体长约16 mm，除第一对步足无白色毛外，其余特征同雄蛛。多见于热带稻田泥缝。

分布：云南、海南、广西；泰国、马来西亚。

王氏狼蛛 *Lycosa wangi*

　　雄蛛体长约16mm。背甲黄褐色，密被黄褐色毛，后端具黑色斑。腹部卵圆形，背面黄褐色，前端两侧、中部均具明显黑色斑。雌蛛体长约22mm，体色较雄蛛深，黑色斑较小，其余特征同雄蛛。常见于土坡处。

　　分布：云南保山和西双版纳地区。

德昂亚狼蛛 *Lysania deangia*

狼蛛中少有的雄蛛体长大于雌蛛的类群。雄蛛体长约5 mm。背甲黑褐色，具蓝绿色金属光泽，边缘具白毛。步足细长，第一对足后跗节和跗节白色。腹部近似筒形，黑褐色，背面硬化，具金属光泽。常见于落叶层、土缝，结小型片网。

分布：云南瑞丽和西藏墨脱地区。

白环羊蛛 *Ovia alboannulata*

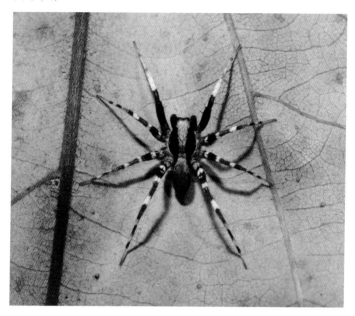

　　雄蛛体长约4mm。背甲正中具灰白色毛形成的宽纵带，两侧黑色。第一对步足腿节和膝节黑色，胫节、后跗节和跗节白色；后3对步足具白色环纹。腹部卵圆形，中央具1条褐色宽纵带，两侧黑色。雌蛛体长约5mm，身体斑纹与雄蛛近似，步足无白色环纹。常居于湿润山谷落叶层。

　　分布：浙江、重庆、四川。

星豹蛛 *Pardosa astrigera*

　　雄蛛体长约6mm。背甲正中斑黄褐色，两侧黑色。步足黄褐色，具黑色斑，第一对步足具羽状毛。腹部卵圆形，黄褐色，具黑色斑。雌蛛体长约7mm，颜色较雄蛛浅，其余特征同雄蛛。常见于北方小麦地和玉米地。

　　分布：全国各地；韩国、日本、俄罗斯远东地区。

查氏豹蛛 *Pardosa chapini*

雌蛛体长约11mm。头胸部灰黑色，隐约可见放射状斑纹。腹部卵圆形，灰黑色，背面后半部隐约可见白色弧形纹，两侧具白斑。常见于河边石块缝隙。

分布：西北、华北、华中和西南地区。

沟渠豹蛛 *Pardosa laura*

雄蛛体长约5mm。背甲正中灰白色，两侧黑色。腹部卵圆形，前半部两侧各具1个黑色大斑。雌蛛体长约5mm，颜色较雄蛛浅，其余特征同雄蛛。常见于菜地。

分布：东北南部和南方各地；韩国、日本、俄罗斯远东地区。

拟环纹豹蛛 *Pardosa pseudoannulata*

　　雄蛛体长约 8 mm。背甲青灰色，眼区色深。腹部卵圆形，黄褐色，心脏斑不明显。雌蛛体长约 9 mm，体色较雄蛛浅。常见于南方稻田。

　　分布：西南、华南、华中和华东地区；东亚、南亚、东南亚地区。

真水狼蛛 *Pirata piraticus*

雄蛛体长 4~6 mm。背甲黄褐色，两侧具褐色纵带，边缘具白毛。腹部卵圆形，侧缘具白色毛，心脏斑两侧和后方具白毛形成的白色斑。雌蛛体长 5~8 mm，体色较雄蛛浅，其余特征同雄蛛。常见于北方河流和湖泊周边的水草上和草丛，南方高海拔湖泊周边也有分布，如贵州草海。

分布：北方各地和西南高海拔地区；全北区。

拟水狼蛛 *Pirata subpiraticus*

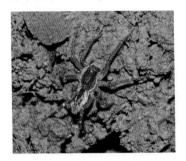

雌蛛体长 6~10 mm。背甲深黄褐色，具黑褐色斑。螯肢黄褐色。步足褐色，具白色环纹。腹部卵圆形，背面褐色，心脏斑明显，褐色，披针形。除心脏斑外，其余均具大量白色斑。常见于稻田。

分布：南方各地；韩国、日本、俄罗斯、菲律宾、爪哇岛。

类小水狼蛛 *Piratula piratoides*

雄蛛体长约 4 mm。背甲深黄褐色，具黑褐色纵纹。腹部卵圆形，背面黄褐色，具大量黑色斑。心脏斑明显，披针形，浅黄褐色，其后具多对白色斑点。雌蛛体长约 5 mm，体型体色同雄蛛。常见于稻田。

分布：全国各地；韩国、日本、俄罗斯。

版纳獾蛛 *Trochosa bannaensis*

　　本种近似于羊蛛属，区别在于雄蛛第一步足只有最后 2 节白色，后 3 节白色环纹少且不明显。雄蛛体长约 5 mm。背甲正中具黄褐色宽纵带，两侧黑色。腹部卵圆形，背面黄褐色，两侧黑色。雌蛛体长约 6 mm，体色较雄蛛深，步足无白色坏纹。常见于潮湿林地和草地。

　　分布：华南和西南南部地区；泰国。

类奇异獾蛛 *Trochosa ruricoloides*

　　雄蛛体长约 8 mm。背甲红褐色，正中斑较窄，两侧具褐色宽纵带。腹部卵圆形，背面灰褐色，具大量黑色斑。雌蛛体长约 10 mm，体色和斑纹同雄蛛。常见于稻田等水边泥缝。

　　分布：南方各地。

大理娲蛛 *Wadicosa daliensis*

雄蛛体长约 6 mm。背甲黄褐色，具褐色斑。触肢黄褐色，触肢器黑色。步足黄褐色，多毛多刺。腹部卵圆形，背面黄褐色，无明显斑纹。雌蛛体长约 8 mm，体色较雄蛛稍浅，其余特征同雄蛛。常见于海边沙地。

分布：云南、海南、广东、浙江。

忠娲蛛 *Wadicosa fidelis*

雄蛛体长约 6 mm。背甲黄褐色至黑色，正中斑色浅。步足黄褐色至黑色，多刺。腹部卵圆形，背面黄褐色至黑褐色。心脏斑较明显，黄褐色。常见于水边农田和草地。

分布：南方各地；古北区。

森林旱狼蛛 *Xerolycosa nemoralis*

雄蛛体长约 5 mm。背甲正中纵带白色，较宽，两侧黑色，背甲边缘色浅。腹部卵圆形，前端两侧黑色。背面灰褐色，密被毛。雌蛛体长约 7 mm。背面正中纵带黄褐色，两侧黑色，背甲边缘黄褐色。腹部卵圆形，背面灰褐色。常见于水边和道路两边碎石堆。

分布：吉林、黑龙江、内蒙古；古北区。

纤细宝狼蛛 *Zantheres gracillimus*

　　雄蛛体长约 5 mm。体型近似于圆颚蛛。背甲光滑，褐色，具金属光泽。头区隆起。步足细长。腹部近似筒形，前端较细，后端膨大，圆滑。雌蛛几乎与雄蛛等大。头胸部和腹部均呈黑色。在草丛结片状小网。

　　分布：西藏墨脱地区；缅甸。

大疣蛛科 Macrothelidae

长期以来大疣蛛属 *Macrothele* 一直隶属于异纺蛛科 Hexathelidae，直到 2018 年被美国蛛形学家 Hedin 等人提升为科。

体中至大型。眼集于眼丘，头区不隆起。具 4 纺器，后纺器极长。体色单一，多为黑色。多年生，结漏斗网。

目前全世界已知 1 属 33 种，中国已知 1 属 16 种。

单卷大疣蛛 *Macrothele monocirculata*

雄蛛体长 40~60 mm。整体呈黑色。背甲近圆形。步足多毛多刺。腹部卵圆形，密被黑毛。雌蛛体长 50~60 mm，特征同雄蛛。

分布：四川、重庆、湖南、湖北、贵州、广西。

颜氏大疣蛛 *Macrothele yani*

雌蛛体长 45~55 mm。背甲黑色，具金属光泽。步足黑色，多毛多刺。腹部卵圆形，褐色，略带金属光泽。后侧纺器长。

分布：云南。

拟态蛛科 Mimetidae

体小至中型。8 眼 2 列。步足胫节和后跗节具 1 列长而弯曲的长刺，长刺间又有数根短的小刺。不结网，常寄居于其他蛛网上或在灌草丛猎食其他蜘蛛。

目前全世界已知 12 属 154 种，中国仅知 3 属 21 种。

突腹拟态蛛 *Mimetus testaceus*

雄蛛体长约 7 mm。背甲黄褐色，具黑色斑点状不规则纵纹，头区稍突出。步足浅褐色，具黑色斑与环纹，胫节和后跗节具长刺。腹部近圆形，背面褐色，中部具 1 对黑色突起，心脏斑白色。常见于低矮灌草丛。

分布：浙江、湖南、广西、贵州；韩国、日本。

米图蛛科 Miturgidae

　　体小至大型。8眼2列，眼区较窄。步足末端具2爪。游猎型，常见于落叶层和灌草丛。

　　目前全世界已知29属137种，中国已知5属9种。

草栖毛丛蛛 *Prochora praticola*

　　体型与隙蛛近似，但头区较窄，后侧纺器短。雄蛛体长约7mm。背甲红褐色，梨形，多细毛，中间区域颜色较深。步足较粗短，红褐色，被密毛。腹部筒状，浅褐色，具数对黑色斑，心脏斑褐色。雌蛛体长约8mm，体色较雄蛛深，其余特征与雄蛛类似。常见于草丛和落叶层。

　　分布：南方各地；韩国、日本。

线蛛科 Nemessidae

体中至大型。穴居，洞口有盖或无盖，国内记录种均无盖。8眼集于一丘。3爪，爪下具2列齿，多具毛丛，无毛簇。

目前全世界已知45属431种，中国已知3属18种。

山地雷文蛛 *Raveniola montana*

雄蛛体长约15 mm。整体呈黄褐色。背甲近圆形，头区隆起。步足多毛多刺。腹部卵圆形，密被毛。

分布：云南、四川。

西藏雷文蛛 *Raveniola xizangensis*

　　雄蛛体长约 17 mm。背甲黑色，被褐色毛。步足较长，灰黑色，多毛多刺。腹部卵圆形，褐色，具浅褐色斑纹。雌蛛体长约 20 mm，步足较雄蛛粗短，其余特征同雄蛛。

　　分布：西藏。

类球蛛科 Nesticidae

体小至中型，8眼2列，洞穴生活种类眼睛退化或消失。下唇前缘增厚。3爪。第四对步足跗节有锯齿状毛。腹部球形，有栅栏状对称斑点或条纹。常见于落叶层和洞穴，结小型网。

目前全世界已知 16 属 278 种，中国已知 6 属 56 种。

底栖小类球蛛 *Nesticella mogera*

雄蛛体长约2mm。背甲红色，头区稍隆起。步足被长毛，关节处浅黄色。腹部黑色，被密毛。雌蛛体长约3mm，颜色较深。常见于落叶层。

分布：南方各地；东亚、欧洲和太平洋岛屿。

拟壁钱科 Oecobiidae

体小至中型，背甲近圆形，宽大于长，边缘光滑。6~8 眼，2 列。3 爪。拟壁钱属 *Oecobius* 具分隔筛器，壁钱属 *Uroctea* 不具筛器。后侧纺器第二节长且弯曲，肛丘密生长毛。壁钱属 *Uroctea* 常见于室内，网为双层圆形，向四周发出多根放射丝，蜘蛛常栖于双层网中间。拟壁钱属 *Oecobius*，见于室内墙角处，结小型网。

目前全世界已知 6 属 119 种，中国目前已知 2 属 9 种。

居室拟壁钱 *Oecobius cellariorum*

雌蛛体长约 3 mm。背甲黄色，近圆形。头区至中窝具 1 个黑色斑，外缘黑色。步足淡黄色，被长毛，具黑环。腹部深褐色，近圆形，被白色长毛，具白色鳞状花纹。常见于室内墙壁角落。

分布：河北、浙江、山东、湖南、四川、陕西；世界性分布。

华南壁钱 *Uroctea compactilis*

　　生活于室内和房屋周边石块下，网近似圆形，周围具放射丝。雄蛛体长约 6 mm。背甲红褐色，近圆形，中窝深。步足红褐色，多刺。腹部黑色，肌痕 2 对，被长毛，背面具 5 个白色斑。雌蛛体长约 8 mm，特征与雄蛛相似。

　　分布：华东、华中和西南地区。

北国壁钱 *Uroctea lesserti*

外形、斑纹和习性与华南壁钱相似。

分布：东北、华北和华东北部地区。

卵形蛛科 Oonopidae

体小至极小型。大部分种类6眼，一些种4眼或无眼。绝大多数种类呈橘黄色，背甲多具硬壳，腹部被背板和腹板包裹，两侧末端分离，类似穿旗袍。

目前全世界已知113属1846种，中国已知14属84种。

缙云三窝蛛 Trilacuna sp.

雌蛛体长约2mm。背甲深红色,较光滑,中窝不明显。步足深红色,被密毛。腹部圆筒形, 具硬壳, 深红色, 多白毛。常见于山谷落叶层。

分布：重庆。

猫蛛科 Oxyopidae

体小至大型。8 眼 4 列，呈 2-2-2-2 式排列，视觉发达。步足末端具 3 爪。在灌草丛游猎生活。

目前全世界已知 9 属 453 种，中国已知 4 属 58 种。

锡金仙猫蛛 *Hamadruas sikkimensis*

雄蛛体长约 10 mm。背甲褐色，步足黑色，腹部深绿色，均密布白色斑。雌蛛体长约 11 mm。体色多变，背甲一般为橙色，中部具 1 个深色花纹以及多条黄白色条纹。步足黄褐色，具长壮刺和白色花纹，较艳丽。腹部筒形，末端尖，绿色至橙色，腹中部具多对白色条纹。常见于低矮灌草丛。

分布：湖南、广西、贵州、云南；印度。

拟斜纹猫蛛 *Oxyopes sertatoides*

雄蛛体长约9mm。背甲橙褐色，中部具数条褐色条纹，眼区白色。步足绿褐色，具长壮刺。腹部筒形，末端尖，背面白色；腹侧灰褐色，具数条白色斑；心脏斑橙色。常见于低矮灌草丛。

分布：重庆、福建、湖南、广东、贵州。

拉蒂松猫蛛 *Peucetia latikae*

雄蛛体长约14mm。背甲绿色，具黑色斑。步足浅黄色，具长壮刺，刺基部具黑色斑，关节处黄色，第一对步足腿节具红色斑。腹部绿色，筒形，末端尖，具1对白色纵纹；心脏斑褐色，"十"字形。雌蛛稍大于雄蛛，特征与雄蛛类似。常见于热带灌草丛。

分布：云南；印度。

帕蛛科 Pacullidae

体中型，被盔甲。腹部背面具 1 个大硬壳，两侧沟槽状，沟槽隆起部分具大量小的硬化斑。整个腹部类似千层饼的形状。

目前全世界已知 4 属 38 种，中国仅知壮皮蛛 *Perania robusta* 1 种。

壮皮蛛 *Perania robusta*

雄蛛体长约 12 mm。背甲黑色，头区强烈隆起，粗糙。步足亮黑色，被短毛，第一对步足腿节膨大，弯曲。腹部近圆形。背面具 1 个黑色骨质化板，腹侧具黑色骨质化条纹。雌蛛体长约 13 mm，腹部骨质化较弱，其余特征与雄蛛类似。

分布：云南、西藏；泰国。

二纺蛛科 Palpimanidae

体小至中型。多数种类 8 眼 2 列，前中眼大而明显。背甲和步足红褐色，腹部黄褐色。第一步足腿节膨大，胫节、后跗节和跗节的内侧面具毛丛。腹部末端仅具 2 个纺器。

目前全世界已知 18 属 150 种，中国仅记录吉隆坚蛛 Steriphopus gyirongensis 1 种。

西藏坚蛛 Steriphopus sp.

雄蛛体长约 5 mm。背甲红褐色，似具硬壳。步足红褐色至黄褐色，第一对步足腿节膨大。腹部卵圆形，红褐色，密被毛。雌蛛体长约 7 mm，体色较雄蛛深，其余特征同雄蛛。常见于落叶层。

分布：西藏林芝地区。

逍遥蛛科 Philodromidae

体小至中型。8 眼 2 列，呈 4-4 排列，体型似蟹蛛，无明显眼丘。常在灌草丛游猎生活，北方较常见。

目前全世界已知 31 属 538 种，中国已知 5 属 58 种。

金黄逍遥蛛 *Philodromus aureolus*

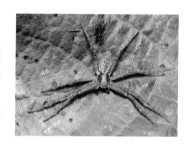

雌蛛体长约 7 mm。背甲密被毛，褐色，正中具 1 条黄褐色纵斑。腹部卵圆形，背面黄褐色，具 1 条不明显深褐色纵纹。常见于低矮灌丛。

分布：北方各地和西南北部地区；古北区。

刺跗逍遥蛛 *Philodromus spinitarsis*

雄蛛体长约 5 mm。背甲褐色，密被毛。步足较长，浅褐色。腹部卵圆形，末端尖，背面灰褐色，多毛。雌蛛体长约 6 mm。背甲黑褐色，密被毛。腹部卵圆形，背面灰褐色，末端灰白色。常见于低矮灌丛。

分布：北方各地；韩国、日本、俄罗斯。

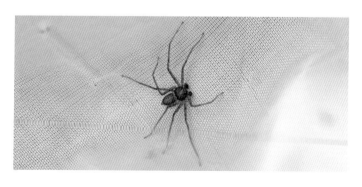

日本长逍遥蛛 *Tibellus japonicus*

雌蛛体长约 13 mm。背甲褐色,被白毛,具多条纵纹。步足灰褐色,被密毛。腹部长筒形,背面正中具 1 条褐色纵纹,近末端有 1 对黑斑。常见于灌草丛。

分布:华中和西南地区;日本、俄罗斯。

娇长逍遥蛛 *Tibellus tenellus*

雌蛛体长约 13 mm。背甲浅黄褐色,被白毛,正中具 1 条褐色纵纹。步足浅黄褐色,密被毛。腹部长筒形,背面浅黄褐色,正中具 1 条褐色纵纹,近末端有 1 对黑斑。常见于草丛。

分布:内蒙、吉林、新疆。

幽灵蛛科 Pholcidae

　　体微小至中型。8眼3组或6眼2组。体色多较浅。步足细长，易断。多生活于潮湿阴暗处，如室内、石缝、山区石壁凹陷处、洞穴、涵洞、叶片背面，结不规则网。

　　目前全世界已知94属1736种，世界性分布，中国已知16属224种。

莱氏壶腹蛛 *Crossopriza lyoni*

　　雄蛛体长约7 mm。背甲半透明，较光滑，有褐色斑。步足细长，密被细毛，多黑色环纹，关节处具黑色和白色环纹。腹部灰褐色，多细毛，具黑色斑和白色鳞状斑；末端向上突起，有1个黑斑。雌蛛稍大于雄蛛，特征与雄蛛类似。常见于热带屋檐下和涵洞。

　　分布：浙江、福建、湖南、广西、海南；世界各地。

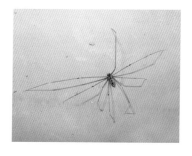

六眼幽灵蛛 *Spermophora senoculata*

雄蛛体长约2mm。背甲半透明，较光滑，中窝后部具黑色斑，6眼分为2组。步足细长，近乎透明，密被细毛，关节处颜色加深。腹部近圆形，淡黄色，具数对淡黑色斑，多细毛。常见于室内角落，扩散可能与人类活动有关。

分布：重庆、四川、浙江、湖南；世界各地。

刺足蛛科 Phrurolithidae

体小至中型。8 眼 2 列，呈 4-4 式排列。螯肢前侧通常具 1 对刺。前 2 对步足胫节和后跗节腹面具 2 行整齐排列的壮刺，步足末端具 2 爪。游猎型。

目前全世界已知 13 属 228 种，中国已知 3 属 85 种。

台湾奥塔蛛 Otacilia taiwanica

雌蛛体长约 5.5 mm。背甲黄褐色，具少量灰黑色纹。步足黄褐色，后跗节色深，第一、二对步足腿节腹内侧具壮刺，胫节和后跗节腹面具成对壮刺。腹部卵圆形。心脏斑较大，椭圆形，黄褐色，周围黑色。近末端具 1 个椭圆形浅黄褐色斑。常见于落叶层。

分布：重庆、福建、台湾；日本。

派模蛛科 Pimoidae

体小至中型。8眼2列，3爪。腹部多呈球形。多在石缝、树洞、草丛根部等缝隙中结片网，多倒挂于网上。

目前全世界已知4属45种，中国已知3属16种，西南地区多常见。

亚东派模蛛 *Pimoa* sp.

雄蛛体长约9 mm。背甲褐色，光滑，中窝呈椭圆形。步足细长，黄褐色。腹部长卵圆形，褐色，两侧具灰褐色弧形纹。雌蛛体长约13 mm。腹部呈球形，其余特征同雄蛛。

分布：西藏亚东地区。

盗蛛科 Pisauridae

体中至大型。8 眼，多为 3 列，呈 4-2-2 式排列，与狼蛛近似。大部分种类游猎生活，少数结网捕食。狡蛛属 *Dolomedes* 多见于南方水体水面，盗蛛属 *Pisaura* 多见于北方灌草丛。用螯牙携带卵囊。

目前全世界已知 51 属 356 种，中国已知 11 属 42 种。

黑斑狡蛛 *Dolomedes nigrimaculatus*

雄蛛体长约 13 mm。背甲白色，外缘黑色，后部具 1 对黑斑。步足黑褐色，腿节色深。腹部卵圆形，背面褐色，前端两侧具 1 对黑斑，中部具白色斑点。雌蛛体长约 20 mm。背甲褐色，后部具 1 对黑斑。步足褐色，具密集短毛，后跗节具白色斑。腹部卵圆形，背面深褐色，前端两侧具 1 对黑色斑。常见于山谷湿润草丛。

分布：华北南部、西南和华中地区。

赤条狡蛛 *Dolomedes saganus*

体色多变，身体两侧各具 1 条白色纵斑从眼区延伸至腹部末端。雄蛛体长约 20 mm，多为褐色。雌蛛体长约 22 mm，多为青褐色。常见于水边草丛。

分布：华东、华中和西南地区；日本。

锚盗蛛 *Pisaura ancora*

　　雌蛛体长约9mm。背甲灰色，正中具1条褐色细纵纹。腹部前端宽，末端较窄，灰色，具有数条"人"字形褐色斑。常见于灌草丛。

　　分布：北方各地和西南高海拔地区；韩国、俄罗斯远东地区。

褛网蛛科 Psechridae

体中至大型。具分隔筛器。8 眼 2 列。便蛛属 *Fecenia* 多在灌丛中结圆网，褛网蛛属 *Psechrus* 多在石缝中结大型漏斗状网。蜘蛛通常倒挂在网上，受惊吓时躲到漏斗网小的出口处，通常位于石缝或落叶层或树皮下，有假死现象。用螯肢携带卵袋。

目前全世界已知 2 属 61 种，中国已知 2 属 18 种。

筒腹便蛛 *Fecenia cylindrata*

雌蛛体长约 15 mm。背甲褐色，具黑褐色斑纹。步足褐色，具密集短毛，后跗节和跗节具黑斑。腹部长筒形。背面褐色，多毛，末端具数条"八"字形纹和成对黑色斑，心脏斑黑色。常见于热带地区灌丛。结垂直圆网，中央具 1 个卷曲的枯叶，一般白天或受干扰后蜘蛛躲避到枯叶中。

分布：云南、广东、广西。

广褛网蛛 *Psechrus senoculatus*

　　雄蛛体长约 22 mm。背甲褐色，正中具 1 条黑褐色宽纵带。步足褐色，被长毛，具黑褐色环纹。腹部长卵圆形。背面灰褐色，外缘有 3 条黑色短纵斑。雌蛛体长约 24 mm，整体颜色较深，腹部背面灰白色为主，心脏斑灰色，腹部近末端具数条"人"字形花纹，其余特征同雄蛛。常见于山间石缝。

　　分布：重庆、浙江、安徽、云南、湖南、广西、贵州。

跳蛛科 Salticidae

体小至中型。头胸部近似方形，8眼3列，前中眼巨大，眼域占头胸部1/3以上。视觉发达，善跳跃，见于各种生境。

目前全世界已知646属6 173种，中国已知118属526种。

四川暗跳蛛 *Asemonea sichuanensis*

雄蛛体长约5 mm。背甲黑色，眼区隆起。步足几乎透明，具少量黑色斑。腹部筒状，黑色，具金属光泽。雌蛛体长约5 mm。背甲白色，具2条黑色纵纹。步足透明。腹部浅黄褐色，被白毛。常见于水边草丛。

分布：四川、贵州。

丽亚蛛 *Asianellus festivus*

雌蛛体长约 5 mm。背甲褐色，外缘黑色。步足褐色，具黑色环纹。腹部褐色，具黑色斑。常见于草丛。

分布：北方各地和西南高海拔地区；古北区。

荣艾普蛛 *Epeus glorius*

雄蛛体长约 8 mm。背甲橙色，眼区具毛簇。步足黑色。腹部圆筒形，橙色。雌蛛体长约 9 mm。背甲绿色，眼周围红褐色。步足浅绿色。腹部圆筒形，绿色，具浅黄色斑纹。常见于水边草丛。

分布：华南和西南地区；越南、马来西亚。

锯艳蛛 *Epocilla calcarata*

雄蛛体长约 7 mm。背甲褐色，边缘具白色宽环纹。第一对步足黑色，粗壮，具状刺，后 3 对步足色浅。腹部圆筒形，末端尖，正中纵带浅褐色，两侧具白色宽纵带。多见于灌草丛。

分布：湖南、广东、广西、四川、云南；东南亚、太平洋和印度洋岛屿。

白斑猎蛛 *Evarcha albaria*

　　雄蛛体长约 7 mm。背甲黑色，前眼列后方具白色宽横纹，眼域后方两侧具黄褐色斑纹。触肢跗舟被浓密白毛。前 2 对步足黑色，具浅褐色环纹，后 2 对步足色浅。腹部卵圆形，黄褐色。雌蛛体长约 7 mm。背甲、步足黑褐色，具 1 个黑色斑纹。腹部卵圆形，褐色。常见于水边灌草丛。

　　分布：全国各地；韩国、日本、俄罗斯。

鳃哈莫蛛 *Harmochirus brachiatus*

　　雌蛛体长约 4 mm。背甲黑色，外缘白色，被稀疏浅褐色毛。第一步足黑色，腿节至胫节粗壮，后 3 对步足褐色。腹部近圆形，前端两侧和后部中间具白色弧形纹。常见于低矮草丛。

　　分布：南方各地；印度、不丹、印度尼西亚。

花哈沙蛛 *Hasarius adansoni*

　　雄蛛体长约 6 mm。背甲黑褐色毛，后部具 1 条弧形白斑。触肢具白色长毛。步足灰黑色至褐色，具白毛。腹部卵圆形，黄褐色，前端具 1 条白色弧状纹，后方具白斑。雌蛛体长约 6 mm，除白色斑为黄褐色外，其余特征同雄蛛。常见于室内墙壁。

　　分布：南方各地；世界性分布。

斑腹蝇象 *Hyllus diardi*

雄蛛体长约 15 mm。背甲黑色，具金属光泽。步足黑色，具金属光泽，被白色长毛。腹部卵圆形，黑色，具金属光泽。雌蛛体长约 16 mm。背甲黑色，密被白毛，前侧眼两旁具弯曲长毛。步足黑色，密被白毛。腹部圆筒状，密被长白毛，后部具数个近三角形白色斑。多见于热带地区灌草丛。

分布：云南；南亚、东南亚地区。

吉蚁蛛 *Myrmarachne gisti*

雄蛛体长约 7 mm。体型似蚂蚁。头胸部较长，红褐色，眼域后方具 1 个缩缢。螯肢长，黑褐色。腹柄较长。腹部长筒形，前端红褐色，后端黑色。常见于灌草丛。

分布：南方各地；越南。

粗脚盘蛛 *Pancorius crassipes*

雄蛛体长约 9 mm。背甲黑色，正中具 1 条白色纵斑。腹部圆筒形，褐色，末端尖，背面正中具 1 条白色纵斑。雌蛛稍大于雄蛛，其余特征同雄蛛。常见于竹林。

分布：南方各地；古北区。

马来昏蛛 *Phaeacius malayensis*

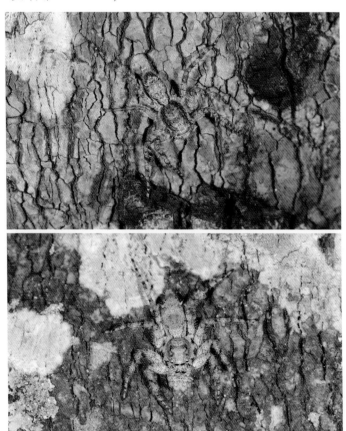

雌蛛体长约 12 mm。背甲褐色，被灰白色毛，外缘色深。步足褐色，被灰白色毛。腹部近卵圆形，褐色，末端尖，背面密被灰白色毛，近末端具毛簇。

分布：云南西双版纳地区；东南亚地区。

黑斑蝇狼 *Philaeus chrysops*

雄蛛体长约 8 mm。背甲黑色，中线两侧具 1 对白色纵斑。前 2 对步足后 4 节橙黄色，后 2 对步足黑色。腹部卵圆形，背面橙黄色，中部具 1 个黑色近三角形斑。雌蛛体长约 9 mm。背甲黑褐色，两侧具白色纵斑。步足褐色。腹部卵圆形，背面中线两侧具 1 对白色纵纹。常见于灌草丛。

分布：北方各地；古北区。

花腹金蝉蛛 *Phintella bifurcilinea*

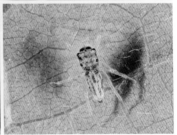

　　雄蛛体长约3 mm。背甲黑色，具白色鳞状毛。前2对步足黑色，后2对步足浅褐色，具黑斑。腹部筒形，黑色，具白色斑。雌蛛体长约4 mm。背甲黑色至蓝灰色，具白色花纹。步足白色至浅黄褐色。腹部近卵圆形，颜色斑纹变化较大。常见于灌草丛。

　　分布：南方各地；韩国、日本、越南。

卡氏金蝉蛛 *Phintella cavaleriei*

　　雄蛛体长约4 mm。背甲褐色。步足褐色，具金属色光泽。腹部筒形，褐色，具白色鳞状毛，末端具1个小黑斑。雌蛛体长约4 mm。背甲黑色，眼区褐色，其后具白色鳞状毛。步足白色。腹部近卵圆形，黄褐色，具黑褐色斑纹，末端具1个小黑斑。常见于灌草丛。

　　分布：南方各地；韩国。

多色金蝉蛛 *Phintella versicolor*

雄蛛体长约 5 mm。背甲黑色，具大量白色斑。前 2 对步足黑色，具白色斑；后 2 对步足褐色。腹部筒形，背面两侧黄色，正中灰黑色。雌蛛体长约 5 mm。背甲白色，具灰褐色斑。步足黄褐色，被白毛。腹部近卵圆形，白色，具黑褐色斑。常见于灌草丛。

分布：南方各地；东亚、南亚、东南亚地区和美国夏威夷群岛。

唇形孔蛛 *Portia labiata*

雌蛛体长约9 mm。背甲深褐色，多毛。步足黑色，胫节密被深褐色长毛，跗节与后跗节较细。腹部近卵圆形，背面深褐色。见于灌草丛。

分布：云南；南亚、东南亚地区。

毛垛兜跳蛛 *Ptocasius strupifer*

雄蛛体长约 8 mm。背甲黑色。步足黑色。腹部筒形，背面黄褐色，密被毛。雌蛛体长约 9 mm。背甲黑色，前中眼周边和眼域后方具褐色毛。腹部卵圆形，背面前缘和后方各具 1 条白色弧形横纹，末端靠近纺器具 1 个白色小斑。多见于灌草丛。

分布：南方各地；越南。

锈宽胸蝇虎 *Rhene rubrigera*

雄蛛体长约 5 mm。背甲近圆形，较宽，黑色，外缘被白毛。螯肢具白色横纹。步足黑色，具白色毛形成的环纹。腹部近卵圆形，黑色，前半部具红色斑，后半部具白色横纹。雌蛛体长约 6 mm。背甲近圆形，较宽，黑色，密被黄色毛。腹部近卵圆形，背面黄色，近末端具波浪形白斑，末端黑色。多见于灌草丛。

分布：湖北、湖南、广东、贵州、云南；印度、越南、印度尼西亚。

科氏翠蛛 *Siler collingwoodi*

　　雄蛛体长约 5 mm。背甲黑色，密被蓝绿色鳞状毛，外缘蓝色，亚外缘红色，眼区后方具 1 对红斑。第一对步足较粗壮，腿节和胫节具黑色毛丛。腹部卵圆形，黑色，背面前半部具红色斑，红斑内部和两侧具蓝绿色小斑，后半部黑色。多见于灌草丛。

　　分布：广东、海南、香港；日本。

蓝翠蛛 *Siler cupreus*

　　雄蛛体长约 5 mm。背甲黑色，密被蓝绿色鳞状毛，外缘蓝色，亚外缘红色。第一对步足相对粗壮，具蓝色与黑色斑纹。腹部卵圆形，黑色，具 2 条弧形蓝色横纹，心脏斑处具 1 个小红色斑。雌蛛体长约 6 mm，体色较雄蛛暗，其余特征同雄蛛。常见于灌草丛、林间栏杆。

　　分布：南方各地；韩国、日本。

玉翠蛛 *Siler semiglaucus*

雄蛛体长约 5 mm。背甲黑色，密被蓝绿色鳞状毛，外缘蓝色，亚外缘红色，眼区中部和后方具 3 个红斑。第一对步足较粗壮，腿节和胫节具黑色毛丛。腹部卵圆形，黑色，背面前半部具 1 个红色斑，红斑内部及两侧具蓝色小斑，腹部末端黑色。常见于热带地区灌草丛。

分布：广东、云南；南亚、东南亚地区。

多彩纽蛛 *Telamonia festiva*

雄蛛体长约 7 mm。背甲黑色，后方具 1 个"U"字形白色斑。步足褐色，具白色环纹。腹部筒形，黑色，心脏斑白色，部分个体心脏斑后具三角形白斑。雌蛛稍大于雄蛛，背甲黄色，眼区覆盖白毛，具橙色纹。步足浅黄色。腹部圆筒形，正中具多个白色三角形纹，两侧黑色。多见于热带地区灌草丛。

分布：华南和西南南部地区；南亚、东南亚地区。

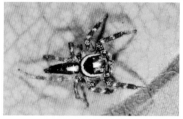

弗氏纽蛛 *Telamonia vlijmi*

雄蛛体长约 6 mm。背甲黑褐色，眼域中间和背甲两侧具米白色斑纹。步足黑褐色，具浅棕色环纹。腹部筒形，褐色，正中具 1 条白色纵斑。雌蛛稍大于雄蛛，背甲浅黄褐色，眼域具红褐色斑。步足浅黄褐色。腹部筒形，浅黄褐色，两侧具橙色宽纵纹。常见于灌草丛。

分布：浙江、安徽、福建、湖南、广西、贵州、台湾；韩国、日本。

巴莫方胸蛛 *Thiania bhamoensis*

雄蛛体长约 6 mm。通体黑色，具蓝色鳞状毛。雌蛛体长约 8 mm，体色较雄蛛略浅，其余特征同雄蛛。常见于热带地区灌草丛。

分布：广东、云南；南亚、东南亚地区。

花皮蛛科 Scytodidae

体小至中型。背甲近似半球形，无中窝。6眼分3组，在前方和稍后两侧各1组。下唇和胸板愈合。

目前全世界已知5属248种，中国已知3属21种。

刘氏花皮蛛 *Scytodes liui*

雌蛛体长约5 mm。背甲浅褐色，具近似波纹状黑色斑，亚外缘具不规则黑色斑。步足细长，浅褐色，具黑色环纹。腹部近球形，浅褐色，具黑色波浪状横纹。常见于室内。

分布：重庆、贵州、江西、福建。

白色花皮蛛 *Scytodes pallida*

雌蛛体长约5 mm。背甲白色，正中具4条对称分布的黑色细纵纹，背甲边缘具多条黑色短细纵纹和1条黑色细环纹，两侧对称分布。步足细长，白色，具少量黑色环纹。腹部近球形，白色，具对称的黑色纵纹。常见于灌草丛。

分布：重庆、贵州、江西、福建、广东。

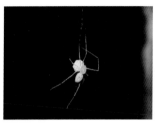 

半曳花皮蛛 *Scytodes semipullata*

雌蛛体长约9 mm。背甲褐色，具黑斑。步足黄褐色，具黑色环纹。腹部近球形，灰褐色，散布黑色斑点。常见于房屋墙壁缝隙。

分布：西藏。

类石蛛科 Segestriidae

体小至中型。体色通常较暗。6眼2列，前后侧眼互相靠近，两个后中眼靠近，形成3组。多栖息在树皮下、树洞及石缝中，洞口具放射状丝。

目前全世界已知4属133种，中国已知2属7种。

敏捷垣蛛 *Ariadna elaphra*

雌蛛体长8~11 mm。通体黑褐色。背甲较圆滑，中部隆起。前2对步足较粗壮。腹部卵圆形。密被短毛。多见于潮湿墙壁，穴居，洞口具放射状丝。

分布：重庆、福建、湖南。

拟扁蛛科 Selenopidae

体扁平，似扁蛛。体小至大型。8 眼 2 列，第一列 6 眼，第二列 2 眼，相互远离。头胸部宽大于长。步足末端具 2 爪。多见于房屋墙壁。

目前全世界已知 9 属 260 种，中国仅知 2 属 4 种。

袋拟扁蛛 *Selenops bursarius*

雌蛛体长约 10 mm。背甲密被毛，褐色、黑色相间排列。步足褐色、黑色环纹相间排列，多壮刺。腹部椭圆形，密被毛。常见于房屋墙壁。

分布：西南、华东和华中地区；韩国、日本。

刺客蛛科 Sicariidae

体中至大型，2 爪，下唇与胸板愈合。6 眼分 3 组，前端中央 1 组，后端两侧各 1 组。常见于南方干热洞穴和室内杂物间。

目前全世界已知 3 属 169 种，我国仅知 1 属 3 种。

红平甲蛛 *Loxosceles rufescens*

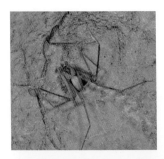

雄蛛体长约 6 mm。背甲红褐色，近圆形，头区向前突出，稍隆起，色深，与中窝后部纵纹一起形成小提琴状花纹。步足较长，黄褐色。腹部筒状，黄褐色。雌蛛体长约 7 mm，体色较雄蛛深，其余特征与雄蛛类似。常见于废弃房屋、干热山洞内。

分布：南方各地；世界性分布。

巨蟹蛛科 Sparassidae

体小至大型。8 眼 2 列。步足末端具 2 爪。多见于石下、岩洞、墙壁、树干、灌草丛。夜行性，营游猎生活。

目前全世界已知 89 属 1 262 种，中国已知 12 属 160 种。

屏东巨蟹蛛 *Heteropoda pingtungensis*

最显著特征为腹部近末端具 1 个三角形毛丛，多为白色。雄蛛体长约 15 mm。通体黄褐色，密被毛。雌蛛体长约 16 mm，通体黄褐色至灰褐色，特征同雄蛛。常见于热带灌草丛。

分布：云南、贵州、广东、台湾。

白额巨蟹蛛 *Heteropoda venatoria*

最显著特征为额前具1条明显白色横纹。雄蛛体长约20 mm。背甲具2对大黑斑。步足较长，具壮刺。雌蛛体长约20 mm，体色较雄蛛浅。常见于室内墙壁。

分布：南方各地；泛热带地区。

南宁奥利蛛 *Olios nanningensis*

雌蛛体长约 12 mm。背甲橙黄色，密被毛。步足橙黄色，后蹄节和蹄节色深。腹部背面黄色，心脏斑灰褐色。常见于热带灌草丛。

分布：湖南、广西、广东、云南。

西藏敏蛛 *Sagellula xizangensis*

雄蛛体长约 9 mm。背甲中部具褐色毛形成的宽纵带，两侧灰黑色。步足较长，褐色，密被毛。腹部卵圆形，背面前半部褐色，后方隐约可见褐色"人"字形纹，腹部两侧黑色。常见于房屋墙壁。

分布：西藏、四川。

离塞蛛 *Thelcticopis severa*

　　雄蛛体长约 13 mm。背甲黑色，密被棕黄色毛。步足腿节红褐色，具黑色壮刺。腹部褐色，被黄褐色毛，腹部后部具数对黑色"人"字形纹。常见于灌草丛。

　　分布：华东南部、华中南部和华南地区；韩国、日本、老挝。

斯坦蛛科 Stenochilidae

体中型，背甲菱形，胸区呈波浪状。8 眼，4-4 式排列。下唇与胸板愈合。步足末端具 2 爪，前 2 对步足膨大，后跗节与跗节分布有叶状毛丛。

全世界仅知 2 属 13 种，中国原记录 1 属 1 种，斯坦蛛属 *Stenochilus* 近期发现于云南。

莱氏科罗蛛 *Colopea lehtineni*

雄蛛体长约 7 mm。背甲菱形，红褐色，具大量小瘤突。步足褐色，前 2 对步足腿节膨大，跗节呈桨状，后跗节与跗节分布有叶状毛丛。腹部筒状，浅褐色，背面具褐色放射状纹。见于落叶层。

分布：云南西双版纳地区。

云南斯坦蛛 *Stenochilus* sp

　　雌蛛体长约 10 mm。背甲菱形，褐色，密被白毛，胸区呈波浪状。步足褐色，前 2 对腿节稍膨大。腹部卵圆形，红褐色，密被褐色短毛。背面具 1 对明显肌斑。见于树皮、落叶层。

　　分布：云南。

肖蛸科 Tetragnathidae

体小至中型。多数种类具8眼2列，少数后中眼缺失，仅具6眼。步足细长，通常第四步足腿节前侧面具2列听毛。纺器3对，具舌状体。肖蛸属 *Tetragnatha* 螯肢显著长，螯肢上的齿数量及大小是区别种的重要特征。下唇前缘增厚。步足细长，末端具3爪。结较大型圆网，常见于水边或潮湿山谷中。

目前全世界已知48属978种，中国已知19属142种。

西里银鳞蛛 *Leucauge celebesiana*

雄蛛体长4~6 mm。背甲黄褐色。步足细长。腹部黄褐色，具银白色纵纹。雌蛛体长约10 mm。背甲黄灰色。步足绿色，具黑色环纹。腹部具绿色、黄色、银白色纵纹。常见于潮湿灌草丛。

分布：南方各地；东亚、南亚、东南亚地区。

方格银鳞蛛 *Leucauge tessellata*

雌蛛体长约9 mm。背甲黑色。步足黑色，关节处颜色变淡，第四对步足胫节密被黑色毛。腹部具纵横交错的黑色斑纹，斑纹之间呈银白色。多见于潮湿灌草丛。

分布：华东南部、华中、华南和西南南部地区；南亚、东南亚地区。

美丽麦蛛 *Metellina ornata*

雌蛛体长约9 mm。背甲暗黄色，具1个"Y"字形黑色斑。步足细长，淡黄褐色，具黑色长刺。腹部长卵圆形，背面中央具2块大的白色斑。见于潮湿灌草丛。

分布：华中和华南地区；韩国、日本。

佐贺后鳞蛛 *Metleucauge kompirensis*

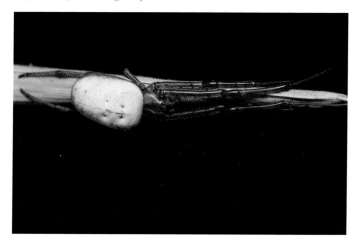

　　雌蛛体长约 12 mm。背甲褐色。步足细长，褐色，具刺。腹部卵圆形，背面黄色，多细毛。多见于溪流两侧灌草丛。

　　分布：华北南部、华中、华东、华南和西南地区；韩国、日本、俄罗斯。

举腹随蛛 *Opadometa fastigata*

　　雌蛛体长约 7 mm。背甲黄褐色。步足具黑色环纹，第四对步足胫节密被黑色毛。腹部前端向上突出，呈塔状，顶端黑色，腹部背面具黑色纵纹，腹侧白色，具橙色和黑色斑纹。多见于热带地区灌丛。

　　分布：海南、云南；南亚、东南亚地区。

锥腹肖蛸 *Tetragnatha maxillosa*

雄蛛体长约 7 mm。背甲褐色，螯肢向前强烈延伸。步足细长，褐色。腹部长筒形，橙黄色。雌蛛体长约 11 mm，体型体色同雄蛛。常见于稻田、近水边草丛。

分布：全国各地；泛热带区。

前齿肖蛸　*Tetragnatha praedonia*

雄蛛体长约6 mm。背甲近菱形。螯肢向前强烈延伸。步足细长，黄褐色。腹部长筒形，黄褐色。雌蛛体长约8 mm，腹部较雄蛛肥胖，其余特征同雄蛛。常见于稻田、近水边草丛。

分布：南方各地；韩国、日本、老挝、俄罗斯。

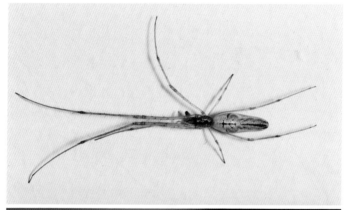

条纹隆背蛛 *Tylorida striata*

雄蛛体长约 5 mm。背甲黄褐色，外缘黑色。步足黄色，具黑斑。腹部呈黄色，具多条浅黑色纵纹。雌蛛特征与雄蛛类似。常见于潮湿灌草丛。

分布：南方各地；澳大利亚。

横纹隆背蛛 *Tylorida ventralis*

　　雄蛛体长约 6 mm。背甲梨形，褐色，正中具 1 个"Y"字形黑色斑。步足细长，具刺。腹部呈筒形，黑褐色且多毛，背部具白色鳞状斑，背部末端向上突起。雌蛛体长约 7 mm，体色较雄蛛深，其余特征同雄蛛。常见于房屋周边灌草丛。

　　分布：华中、华南和西南地区；印度、新几内亚岛、日本。

捕鸟蛛科 Theraphosidae

体中至巨型。全身被密毛。头区不隆起或微微隆起。眼集于眼丘，螯肢无螯耙，多数种类具发声器。步足粗壮，末端具 3 爪，具毛丛和毛簇。腹部末端具 4 纺器。

目前全世界已知 147 属 998 种，中国已知 6 属 13 种。

湖北缨毛蛛 Chilobrachys hubei

雄蛛体长约 35 mm。背甲黑色，密被紫色毛。步足粗壮，密被毛，膝节和胫节毛发浓密且长。腹部卵圆形，黑色，被密毛。雌蛛体长约 45 mm，体色较雄蛛浅，毛较雄蛛稀疏，其余特征同雄蛛。常见于墙壁缝隙。

分布：湖北、重庆。

荔波缨毛蛛 *Chilobrachys liboensis*

雄蛛体长约 40 mm。整体被密毛。背甲具金属光泽。步足膝节和胫节毛发浓密且长。腹部卵圆形，灰褐色。雌蛛体长约 50 mm，体色较雄蛛深，金属光泽不明显，毛较稀疏，其余特征同雄蛛。常见于喀斯特地区石缝。

分布：贵州、广西。

海南霜足蛛 *Cyriopagopus hainanus*

　　体型巨大，雌蛛体长 60~95 mm。背甲呈黑灰色、银灰色或黄褐色，多绒毛。步足粗壮，整体黑灰色。腹部黄灰色或黑灰色，背面具数对对称斑纹。
　　分布：海南。

施氏霜足蛛 *Cyriopagopus schmidti*

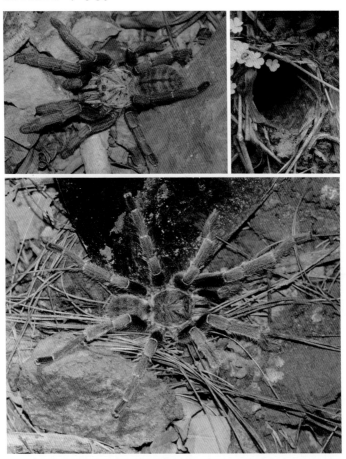

体型与海南霜足蛛相近，体色偏黄。

分布：广西；越南。

球蛛科 Theridiidae

体小至中型。多数具8眼，以4-4式排列。第四对步足跗节腹面具锯齿状毛。步足末端具3爪。绝大多数种类腹部近球形。

目前全世界已知124属2515种，中国已知56属402种。

白银斑蛛 *Argyrodes bonadea*

雌蛛体长约3 mm。背甲黑褐色，头部稍隆起。腹部背面银白色，呈驼峰状。腹面黑色，具黄色斑。常寄生于络新妇、金蛛等大型蛛网上。

分布：南方各地；韩国、日本、菲律宾。

裂额银斑蛛 *Argyrodes fissifrons*

雄蛛体长3~7 mm。整体呈黄色，腹部筒状并具白色花纹。雌蛛体型略大于雄蛛，背甲黑色。步足黑褐色，各节均具浅棕色环。腹部锥状，有时向前突出，具不规则银白色与褐色斑纹。常寄生于云斑蛛、络新妇等大型蛛网上。

分布：南方各地；斯里兰卡、澳大利亚地区。

拟红银斑蛛 *Argyrodes miltosus*

　　雄蛛体长 4~6 mm。背甲橙红色。步足黄褐色至黑色。腹部橙黄色，具白色斑。背面向上突出，末端具 1 个黑色斑。雌蛛略大于雄蛛，其余特征同雄蛛。常寄生于络新妇、金蛛等大型蛛网上。

　　分布：南方各地。

蚓腹阿里蛛 *Ariamnes cylindrogaster*

　　雌蛛体长 21~27 mm。体色多变，呈黄色或绿色。腹部细长，两侧具细小的鳞状斑。常伸直、并合步足以拟态树枝。常见于蕨类植物叶片背面。

　　分布：南方各地；韩国、日本、老挝。

钟巢钟蛛 *Campanicola campanulata*

雌蛛体长 2~3 mm。背甲红褐色，无明显斑纹。步足红褐色，具白色纹。腹部黑色，具多对白色斑。利用土粒造钟状巢，用以藏身。常见于岩壁凹槽中。

分布：南方各地。

黑色千国蛛 *Chikunia nigra*

雄蛛体长 2~3 mm。背甲黑色。步足基节、转节与腿节基部浅黄色，其余各节黑色。腹部黑色锥形，末端向上突起，较尖。雌蛛体长约 2 mm，背甲黑色。腹部近似桃心形，黑色或深褐色，末端向后突出。常见于灌丛叶片背面。

分布：华中、华南和西南地区；南亚、东南亚地区。

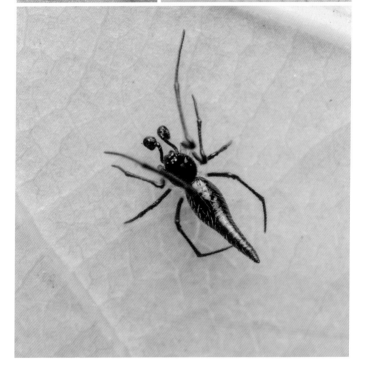

闪光丽蛛 *Chrysso scintillans*

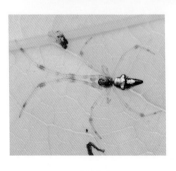

　　雄蛛体长约 5 mm。背甲浅褐色。步足浅黄褐色，具深色环纹。腹部近菱形，后端向后突起，背面具鳞状大斑。雌蛛略大于雄蛛，体色多呈橙黄色，具黑斑，其余特征同雄蛛。常见于灌丛叶片背面。

　　分布：南方各地；缅甸、菲律宾、韩国、日本。

三斑丽蛛 *Chrysso trimaculata*

　　雄蛛体长约 4 mm。背甲橘红色。步足多为黑色。腹部菱形，橙红色，两侧和后方略突出，突出顶端呈黑色。雌蛛稍大于雄蛛，腹部的突出较雄蛛明显。常见于灌丛叶片背面。

　　分布：西南和华南地区；泰国。

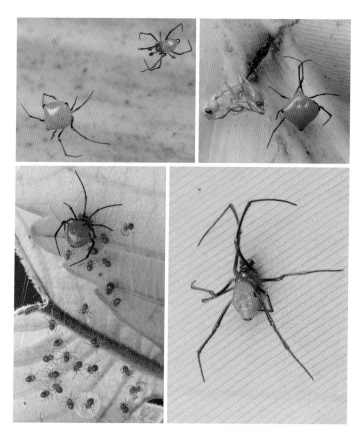

驼背丘腹蛛 *Episinus gibbus*

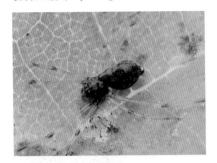

雌蛛体长约 4 mm。背甲黑褐色，被少量黄色毛。步足浅黄褐色，关节处具黑色环纹。腹部深褐色，前端向前突起至中窝上方，末端向后突出。见于热带地区灌丛。

分布：华中南部和华南地区。

云斑丘腹蛛 *Episinus nubilus*

雌蛛体长约 5 mm。背甲黑褐色，眼区周围暗红色。前 2 对步足色深。腹部近五边形，黑褐色，具红色斑纹。多见于灌草丛。

分布：南方各地；韩国、日本。

华美寇蛛 *Latrodectus elegans*

雌蛛体长约 10 mm。背甲黑色，上具微小突起。步足黑色。腹部黑色，具数条红色横纹，后方横纹较粗，近三角形。卵囊黄色，具大量瘤突。

分布：海南、四川、云南、台湾；印度、缅甸、日本。

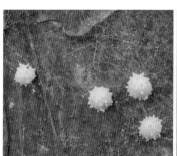

间斑寇蛛 *Latrodectus tredecimguttatus*

　　雄蛛体长约 9 mm。背甲黑色。步足黑色。腹部球形，背面前缘具白色横纹，后方具多个白色圆斑，正中圆斑中间呈红色。

　　分布：新疆；地中海区域。

几何寇蛛 *Latrodectus geometricus*

雌蛛体长 8~10 mm。背甲黄褐色。步足黄褐色，关节处具黑色环纹。腹部球形，背面具数个白色圆环状斑，腹部腹面中央具 1 个明显的红色漏斗状斑。原产于非洲，现已扩散至世界多地，近年已发现该种入侵我国。

分布：海南；世界性分布。

奇异短跗蛛 *Moneta mirabilis*

雌蛛体长约 5 mm。背甲浅黄褐色，隐约可见暗绿色纵纹，眼周红色。步足浅黄褐色，关节处具黑色环纹。腹部近似宝瓶形，具红、白、暗黄色斑，后端向后突出。常见于热带地区灌丛。

分布：湖南、云南、台湾、广东；韩国、日本、老挝、马来西亚。

温室拟肥腹蛛 *Parasteatoda tepidariorum*

雄蛛体长 3~8 mm。背甲红褐色。步足褐色，具黑色环纹。腹部棕色，具黑色小斑。雌蛛略大于雄蛛，体色较雄蛛深，其余特征同雄蛛。常见于房屋室内和房屋周边阴暗角落。

分布：全国各地；世界性分布。

刻纹叶球蛛 *Phylloneta impressa*

雌蛛体长 3~5 mm。背甲褐色，正中具黑色纵斑。步足褐色，关节处具黑色环纹。腹部球形，背面具大量白色和黑色斑。常见于灌丛。

分布：内蒙古、西藏、青海；全北区。

脉普克蛛 *Platnickina mneon*

雌蛛体长 5~6 mm。背甲浅褐色。步足各节具深褐色环纹。腹部球形，淡褐色且密布鳞状纹。常见于灌丛。

分布：江苏、湖南、四川、云南、台湾；泛热带区。

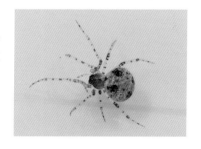

唇双刃蛛 *Rhomphaea labiata*

雄蛛体长 4~5 mm。背甲白色或淡黄褐色。腹部狭长，白色或淡黄褐色，后端向后上方突出，呈羊角状，顶端有 1 个尖突。雌蛛稍大于雄蛛，其余特征同雄蛛。常见于灌丛。

分布：湖南、广西、广东、贵州。

白斑肥腹蛛 *Steatoda albomaculata*

雌蛛体长 5~7 mm。背甲黑色。腹部卵圆形，背面前缘具白色弧形横带，两侧一直延伸至腹部末端，中线两侧具对称分布的白色斑。

分布：北方各地和西南高海拔地区；世界性分布。

半月肥腹蛛 *Steatoda cingulata*

雌蛛体长 5~7 mm。背甲黑色，中窝较深。除第三、四对步足腿节与胫节具暗红色环纹外，所有步足均为黑色。腹部卵圆形，黑色，背面前端具 1 条黄色横纹。多见于石缝。

分布：南方各地；韩国、日本、老挝、马来西亚。

盔肥腹蛛 *Steatoda craniformis*

　　雌蛛体长约 8 mm。背甲梨形，红褐色。步足黑色。腹部球形，黑色，前端和中部各具 1 条红色横纹，末端具红色葫芦状纹。多见于石缝。

　　分布：湖北、四川。

米林肥腹蛛 *Steatoda mainlingensis*

　　雄蛛体长约 8 mm。背甲黑色。步足较长，黑色。腹部球形，黑色，背面具白色叶状纵斑。雌蛛体长约 11 mm，除步足较雄蛛短外，其余特征同雄蛛。常见于房屋周边缝隙中和石块下。

　　分布：西藏。

怪肥腹蛛 *Steatoda terastiosa*

雄蛛体长 5~6 mm。背甲红褐色或黑色。步足黑色。腹部球形，黑色，具多个红色斑。雌蛛体长 8~15 mm，腹部较雄蛛肥大，其余特征同雄蛛。多见于石缝和土缝。

分布：四川、湖南、广西、云南。

圆尾银板蛛 *Thwaitesia glabicauda*

雄蛛体长 3~4 mm。背甲浅褐色，正中具 1 条黑色纵斑。步足黄褐色，多毛。腹部球形，银白色。雌蛛体长 4~6 mm。头胸部背甲浅褐色，中央具 1 条深色纵斑。步足浅黄褐色，具黑色环纹。腹部背面具 3 对黑斑。常见于灌丛叶片背面。

分布：湖南、海南、四川、贵州。

蟹蛛科 Thomisidae

　　体小至大型。体型多似螃蟹。8眼2列，各眼多生于眼丘上。多数蟹蛛前2对步足明显长于后2对，且粗壮。常见于灌草丛。

　　目前全世界已知170属2 149种，中国已知51属304种。

大头蚁蟹蛛 *Amyciaea forticeps*

　　雄蛛体长约3 mm，背甲红褐色，较光滑。步足颜色较背甲浅。腹部红褐色，末端钝圆。雌蛛较雄蛛色深，其余特征同雄蛛。常见于热带地区灌丛。

　　分布：海南、云南；南亚、东南亚地区。

美丽顶蟹蛛 *Camaricus formosus*

　　雄蛛体长约 6 mm，背甲红色，螯肢黑色。步足几乎透明或具大量黑斑。腹部卵圆形，末端稍尖。背面中间隐约可见"十"字形斑纹。雌蛛特征与雄蛛类似。常见于热带地区灌草丛。

　　分布：海南、云南；南亚、东南亚地区。

陷狩蛛 *Diaeu subdola*

　　雌蛛体长 3~8 mm。背甲淡黄色至淡绿色，被少许黑色毛。步足与背甲颜色一致，后跗节略弯曲，上具成排壮刺。腹部白色，具黄色斑点，背面具 3 对明显点状黑斑。常见于灌草丛。

　　分布：南方各地；东亚、南亚、东南亚地区。

三突伊氏蛛 *Ebrechtella tricuspidata*

雄蛛体长3~4 mm。背甲颜色多变，绿色居多。步足绿色，具红褐色环纹。腹部背面绿色，外缘浅黄色。雌蛛稍大于雄蛛，背甲绿色，边缘色浅。步足绿色。腹部颜色多变，白色、浅黄色或绿色，部分个体具红褐色斑。常见于低矮灌草丛。

分布：全国各地；古北区。

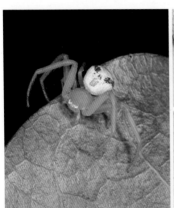

梅氏毛蟹蛛 *Heriaeus mellotteei*

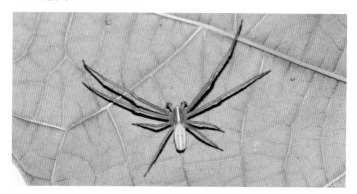

雄蛛体长约 5 mm。背甲绿色，正中具白色纵纹。步足较长，绿色。腹部背面浅绿色，具 3 条白色纵纹。雌蛛体长约 6 mm，腹部较雄蛛肥圆，其余特征与雄蛛类似。多见于北方灌草丛。

分布：东北、华北、华中、西北和西南高海拔地区；韩国、日本。

尖莫蟹蛛 *Monaeses aciculus*

雌蛛体长约 7 mm。背甲灰褐色。步足与头胸部颜色一致，具大量黑色斑点。腹部筒形，灰褐色。多见于南方草丛。

分布：福建、湖南、台湾；东亚、南亚、东南亚地区。

不丹绿蟹蛛 *Oxytate bhutanica*

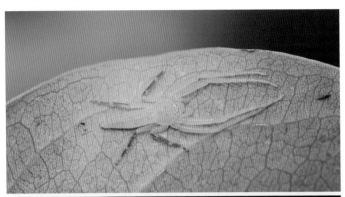

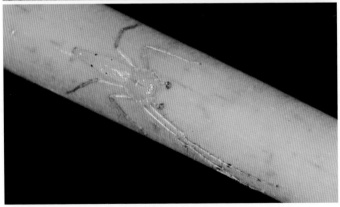

  雄蛛体长约 6 mm。背甲绿色，外缘具翠绿色波状纹，中央具 1 条翠绿纵带，眼周围橙色。步足翠绿色，前 2 对步足膝节、胫节、后跗节末端红色。腹部长，绿色，具 2 对红色斑点，末端尖。雌蛛后 2 对足具红色斑纹，其余特征同雄蛛。多见于偏热带地区灌草丛。

  分布：广东、云南；不丹。

锡兰瘤蟹蛛 *Phrynarachne ceylonica*

雌蛛体长约 12 mm。背甲褐色，放射沟与外缘白色。前 2 对步足粗壮，膝节与腿节白色，后跗节、跗节黑色。后 2 对步足较短。腹部近梯形，褐色，具大瘤突。多见于热带地区树叶片片上。

分布：广西、云南、台湾；斯里兰卡、日本。

亚洲长瘤蟹蛛 *Simorcus asiaticus*

雄蛛体长约 6 mm。背甲灰褐色，具大量小瘤突。前 2 对步足黑褐色，后 2 对色浅。腹部呈狭长的近梯形，末端具横凹。后端横截。雌蛛体型体色近似雄蛛。多见于热带湿润灌丛。

分布：浙江、广东、海南。

壶瓶冕蟹蛛 *Smodicinodes hupingensis*

雄蛛体长约3 mm。背甲红褐色，多疣突，后侧眼突出，背甲末端具2对角状突起，第二对叉状，突起的顶端具壮刺。步足褐色，前2对步足色深。腹部卵圆形，背面中部两侧具白色斜纹，斜纹后方黑色。见于灌草丛。

分布：湖南、广东。

条纹旋蟹蛛 *Spiracme striatipes*

雌蛛体长约4 mm。背甲黄褐色，两侧具灰褐色纵纹。步足黄褐色。腹部近梯形，黄褐色，两侧具黑色斑。常见于草丛。

分布：北方各地；古北区。

贵州耙蟹蛛 *Strigoplus guizhouensis*

雌蛛体长 6~8 mm。背甲褐色至黑褐色，额前端弯曲呈弧形，具 1 排短刺组成的耙。前 2 对步足粗壮、色深。腹部近五边形，前端黑褐色，后端黄褐色。见于灌草丛。

分布：华南、华东南部和西南地区。

圆花叶蛛 *Synema globosum*

雄蛛体长 3~4 mm。背甲黑色，眼区色浅。腹部卵圆形，黑色，前缘和中部具白色斑。雌蛛体长 4~8 mm。背甲褐色至黑色。腹部近球形，背面黑色，边缘和中部具白色或黄色或红色斑。多见于灌草丛。

分布：全国各地；古北区。

角红蟹蛛 *Thomisus labefactus*

　　雄蛛体长约 3 mm。背甲红褐色，具大量小瘤突。步足除后跗节和跗节橙黄色外，其余各节黑褐色，腹部棕黄色。雌蛛体长 6~9 mm。背甲米黄色，眼区红褐色，步足米黄色。腹部近似梯形，白色或黄色。常见于灌草丛。

　　分布：全国各地；韩国、日本。

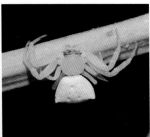

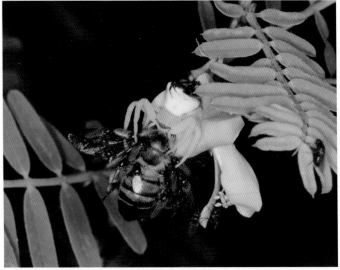

波纹花蟹蛛 *Xysticus croceus*

雄蛛体长约 6 mm。背甲黑色，中部具浅色斑。前 2 对步足基节、转节、腿节与膝节黑色，胫节与后跗节黄褐色，后 2 对步足黄褐色，具黑色斑点。腹部褐色，具白色横纹。雌蛛体长约 8 mm。背甲黄褐色，两侧具灰褐色纵带。步足黄褐色，具黑色斑点。腹部黄褐色，两侧具灰褐色宽纵带。常见于灌草丛。

分布：全国各地；印度、尼泊尔、不丹、韩国、日本。

隐石蛛科 Titanoecidae

体型与漏斗蛛、暗蛛相似。体色多为黑色。8眼2列，呈4-4排列。具分隔筛器。

目前全世界已知5属54种，中国已知4属12种。

白斑隐蛛 *Nurscia albofasciata*

雄蛛体长约6 mm。背甲黑色，头区隆起，具黄色毛。腹部卵圆形，黑色，具多条白色横纹。雌蛛体长约7 mm，腹部无白色横纹，其余特征同雄蛛。常见于石壁、石块下。

分布：东北、华北和南方各地；韩国、日本、俄罗斯远东地区。

湖南曲隐蛛 *Pandava hunanensis*

　　雄蛛体长约 5 mm。背甲灰黑色。步足灰褐色。腹部卵圆形，灰黑色，被密毛。雌蛛体长约 6 mm，体色较雄蛛深，其余特征同雄蛛。常见于湖南、江西等地室内墙壁，多在存放杂物的缝隙中结网生活。

　　分布：湖南、江西。

薄片曲隐蛛 *Pandava laminata*

雌蛛体长约 7 mm。整体呈褐色，被密毛。多见于海边树干。

分布：华南地区。

异隐石蛛 *Titanoeca asimilis*

雌蛛体长约 5 mm。背甲褐色，被密毛。步足褐色。腹部卵圆形，灰褐色。常见于草地石块下。

分布：青藏高原地区；蒙古、俄罗斯。

管蛛科 Trachelidae

体小至中型，背甲多骨化，亮褐色至暗红色，具大量颗粒状突起。8眼2列。步足末端具2爪。常见于灌丛树冠层和落叶层。

目前全世界已知19属244种，中国已知6属30种。

中华管蛛 *Trachelas sinensis*

雌蛛体长约4 mm。头胸部圆形，浅红褐色，背甲背面密布细小突起。步足黄色且粗壮，具浅黑色横纹。腹部椭圆形，黄褐色，背面具青黑色横纹；心脏斑颜色较深，与周围横纹相连。常见于落叶层。

分布：重庆、江西、湖北、贵州。

转蛛科 Trochanteriidae

体小至中型，眼为 4-4 式排列，眼列几乎平直。转节较长，可以借此与其他科的蜘蛛区分。身体极扁，常生活于树皮下或砖缝残瓦之间。

目前全世界已知 21 属 167 种，主要分布在澳洲，我国仅分布有扁蛛属 8 种。

齿状扁蛛 *Plator serratus*

雄蛛体长约 8 mm。背甲红褐色，中窝较浅，放射沟明显。步足红褐色，后 2 对步足颜色较深，第一对步足具壮刺。腹部卵圆形，中央有 1 个崤，尾部颜色加深。雌蛛稍大于雄蛛，特征与雄蛛类似。见于树皮下和石缝中。

分布：四川、重庆。

中华扁蛛 *Plator sinicus*

　　雌蛛体长约7 mm。背甲红褐色，头区颜色较深，中窝较浅，放射沟明显。步足红褐色，第一对步足具壮刺。腹部极扁，浅灰色，密布绒毛，中央有1个嵴，颜色较深，尾部颜色加深。见于树皮下和石缝中。

　　分布：山东、陕西、北京、天津、河北。

妩蛛科 Uloboridae

体小至中型。8眼2列，呈4-4式排列。具筛器，栉器弯曲。无毒腺。
目前全世界已知19属286种，我国已知6属49种。

翼喜妩蛛 *Philoponella alata*

雄蛛体长约4 mm。背甲橙色。腹部筒状，橙色，密被毛，末端多黑色。
雌蛛体长约5 mm。背甲橙褐色，外缘白色。腹部筒形，橙色，背部具3条白
色纵纹。卵囊牙签形，细长，长度约为雌蛛体长的6倍。常见于热带雨林，
集群生活。

分布：云南。

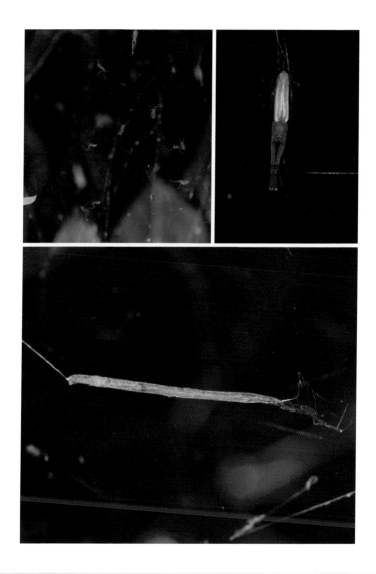

广西妩蛛 *Uloborus guangxiensis*

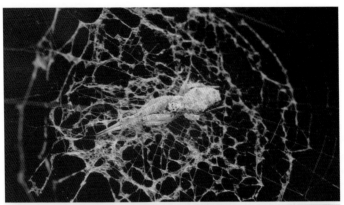

　　雄蛛体长约 3 mm。背甲褐色，被白色毛。步足黄褐色，具浅灰色环纹，胫节多毛，第一对步足最长。腹部黄褐色，背面具 3~4 对突起。雌蛛稍大于雄蛛，其余特征同雄蛛。常见于室内天花板。

　　分布：华南和西南地区。

拟平腹蛛科 Zodarridae

体小至中型。头区隆起，圆滑，具6~8眼，眼式一般为3列（2-4-2、2-2-4）或2列（4-4）排列。多数种类步足末端具3爪。夜行性蜘蛛。多分布在热带至亚热带，少数种类分布在古北区。

目前全世界已知86属1 168种，中国已知8属50种。

长圆螺蛛 *Heliconilla oblonga*

雄蛛背甲黑色，中间有1条暗黄色毛形成的斑带，头区隆起、钝圆。步足细长，腿节黑色，胫节到跗节呈红褐色。腹部黑色，被毛，背面具1条黄褐色斑，该斑的深浅程度随个体而变化。常见于热带湿润树林落叶层中。

分布：广西、海南、云南；泰国。

天堂赫拉蛛 *Heradion paradiseum*

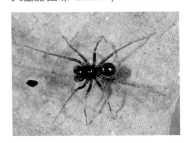

雄蛛背甲暗红色，头区隆起、钝圆，通体光滑。步足腿节、转节和基节色深，深红色；膝节到跗节黄褐色，具稀疏短毛。腹部黑色，背面具4~5对黄褐色斑。常见于落叶层。

分布：云南；越南。

船形马利蛛 *Mallinella cymbiforma*

雌蛛背甲黑色，头区隆起、钝圆、光滑，覆有稀疏短毛。步足褐色，具稀疏短毛，腿节黑色，膝节和胫节浅褐色。腹部黑色，被稀疏毛，具2对黄色叶状大斑和2条黄色横斑，末端黄色。多见于落叶层。

分布：贵州、云南。

阿氏斯托蛛 *Storenomorpha arboccoae*

　　雄蛛背甲隆起，中间具1条
白色宽纵纹贯穿前后。步足粗
壮，上覆有白毛，除基节、转节
和腿节黑色之外，其余各节红褐
色。腹部黑色，背面具1条长纵
纹，纵纹后方又具1枚近方形白
色斑。纺器红褐色。常见于热带
地区低矮灌草丛。

　　分布：广西；缅甸。

逸蛛科 Zoropsidae

外观与狼蛛及栉足蛛类似，体中至大型。具筛器，栉器呈椭圆形排布。8 眼呈 4-4 式排列，后眼列后凹，步足跗节末端具 2 爪。

目前全世界已知 27 属 182 种，中国已知 2 属 5 种。其中塔逸蛛属 *Takeoa* 2 种分布于南方；逸蛛属 *Zoropsis* 3 种中，除芒康逸蛛 *Zoropsis markamensis* 分布于西藏外，其余 2 种分布于北方。

唐氏逸蛛 *Zoropsis tangi*

雄蛛体长 10~12 mm。背甲黄褐色至灰褐色，头区稍隆起，背甲正中具短绒毛形成的纵带。腹部卵圆形，心脏斑明显，多呈黑色，后方具多条黑色横纹。雌蛛体长 12~17 mm，体型较雄蛛肥胖，体色较雄蛛浅，其余特征同雄蛛。多见于山谷朽木、土块和石块下。

分布：内蒙古和宁夏贺兰山地区。

图片摄影（排名不分先后）

王露雨　迷宫漏斗蛛、森林漏斗蛛（左下）、双纹异漏斗蛛、新月满蛛、长鼻满蛛、波纹亚隙蛛、普氏亚隙蛛、蕾形花冠蛛、阴暗拟隙蛛、刺瓣拟隙蛛、类钩宽隙蛛、穴塔姆蛛、侧带塔姆蛛、弱齿隅隙蛛、家隅蛛、长白山靓蛛、邱氏胎拉蛛、武夷近管蛛、帕氏尖蛛、十字园蛛、花岗园蛛、肥胖园蛛、横纹金蛛、小悦目金蛛（上）、目金蛛（下）、银斑艾蛛、山地艾蛛、角类肥蛛、灌木新园蛛、青新园蛛、劳氏络新妇、山地亮腹蛛、叶斑八氏蛛、异囊地蛛（上）、硬皮地蛛（上）、绿色红螯蛛、漫山管巢蛛、田野阿纳蛛、枢强栉足蛛、辽宁并齿蛛、六库亚妖面蛛(111页右下)、海南潮蛛(112页、113页下)、南木林阿卷叶蛛、且末带蛛、大卷叶蛛、近阿尔隐蔽蛛、赫氏苏蛛、锯齿掠蛛、曼平腹蛛、亚洲狂蛛、浙江栅蛛、德氏延斑蛛、蒙古田野蛛、白纹舞蛛（上）、细纹舞蛛、利氏舞蛛、印熊蛛、泉熊蛛、田中熊蛛、暗色艾狼蛛、猴马蛛（上）、大狼蛛、山西狼蛛、带斑狼蛛、王氏狼蛛（下）、德昂亚狼蛛、查氏豹蛛、真水狼蛛、纤细宝狼蛛、草栖毛丛蛛（下）、山地雷文蛛、西藏雷文蛛、华南壁钱、北国壁钱（下）、西藏坚蛛、金黄逍遥蛛、娇长逍遥蛛、六眼幽灵蛛（上）、亚东派模蛛、黑斑狡蛛、赤条狡蛛、锚盗蛛、广褛网蛛（上、右下）、四川暗跳蛛、丽亚蛛、白斑猎蛛（右上）、花纹沙蛛、斑腹蝇象（右上）、粗脚盘蛛（右）、黑斑蝇狼、卡氏金蝉蛛、毛垛兜跳蛛（上）、蓝翠蛛（下）、弗氏纽蛛、刘氏花皮蛛、白色花皮蛛（左）、半曳花皮蛛、袋拟扁蛛、西藏敏蛛、云南斯坦蛛、锥腹肖蛸、前齿肖蛸、横纹隆背蛛、裂额银斑蛛（右上、下）、几何寇蛛、刻纹叶球蛛、白斑肥腹蛛、盔肥腹蛛、怪肥腹蛛、大头蚁蟹蛛（上）、梅氏毛蟹蛛、尖莫蟹蛛、条纹旋蟹蛛、波纹花蟹蛛（上）、湖南曲隐蛛（下）、异隐石蛛、中华管蛛、齿状扁蛛、船形马利蛛、唐氏逸蛛

雷　波　目金蛛（上）、卡氏毛园蛛、拖尾毛园蛛、哈氏棘腹蛛、库氏棘腹蛛、黄金拟肥蛛、何氏瘤腹蛛、对马瓢蛛、严肃心颚蛛(104页上)、六库亚妖面蛛(110页、111页上、111页左下)、卡氏盖蛛（上）、草栖毛丛蛛（上）、荣艾普蛛（下）、锯艳蛛、鳃哈莫蛛、花腹金蝉蛛（上、左下）、多色金蝉蛛（下）、唇形孔蛛、锈宽胸蝇虎（下）、蓝翠蛛（上）、玉翠蛛（右上、下）、多彩纽蛛（上）、巴莫方胸蛛、白色花皮蛛（右）、西singel银鳞蛛、美丽麦蛛、条纹隆背蛛、裂额银斑蛛（左上）、蚓腹阿里蛛（右上）、黑色千国蛛(244页、245页右上、245页下)、闪光丽蛛、三斑丽蛛、驼背丘腹蛛、唇双刃蛛（上、右下）、圆尾银板蛛（左上、上中、下）、美丽顶蟹蛛（上、右下）、陷狩蛛、壶瓶冕蟹蛛、贵州耙蟹蛛、角红蟹蛛（左上）

黄贵强　带旋隙蛛、宋氏暗蛛、荔波胎拉蛛、全色云斑蛛、马拉近络新妇（左下）、异囊地蛛（下）、硬皮地蛛（左下）、喜马拉雅栅蛛、白纹舞蛛（下）、舍氏艾狼蛛、狼马蛛、王氏狼蛛（上）、莱氏壶腹蛛（下）、简腹便蛛（下）、斑腹蝇象（左上、下）、马来昏蛛、花腹金蝉蛛（右下）、锈宽胸蝇虎（上）、玉翠蛛（左上）、多彩纽蛛（中、下）、屏东巨蟹蛛（左上）、莱氏科罗蛛、举腹随蛛、白斑隐蛛、湖南曲隐蛛（上）、翼喜妩蛛（276 页、277 页右上、277 页下）、广西妩蛛（下）、天堂赫拉蛛

陆千乐　地蛛（3 页）、盲蛛、蜱螨、深圳近管蛛、黑斑园蛛、大腹园蛛、多斑裂腹蛛、岛红螯蛛、胫穹蛛、波纹长纺蛛（上）、草间钻头蛛、普氏膨颚蛛、拟环纹豹蛛（下）、类小水狼蛛、莱氏壶腹蛛（上）、荣艾普蛛（上）、吉蚁蛛、多色金蝉蛛（上）、毛垛兜跳蛛（下）、屏东巨蟹蛛（下）、南宁奥利蛛、钟巢钟蛛（上）、黑色千国蛛（245 页左上）、奇异短跗蛛、脉普克蛛、唇双刃蛛（左下）、半月肥腹蛛、三突伊氏蛛、不丹绿蟹蛛（上）、亚洲长瘤蟹蛛（左）、圆花叶蛛、波纹花蟹蛛（下）、薄片曲隐蛛、长圆螺蛛（上）

张志升　森林漏斗蛛（右上、右下）、新平拟隙蛛（上、左下）、黄斑园蛛、悦目金蛛、伯氏金蛛、小悦目金蛛（下）、日本壮头蛛、银背艾蛛、羽足普园蛛、拟环纹豹蛛（下）、突腹拟态蛛、底栖小类球蛛、缙云三窝蛛、拟斜纹猫蛛、台湾奥塔蛛、广褛网蛛（左下）、粗脚盘蛛（左）、敏捷垣蛛、白额巨螯蛛（上）、佐贺后鳞蛛、拟红银斑蛛（下）、蚓腹阿里蛛（左上）、角红蟹蛛（右上）

陆　天　有鞭、机敏异漏斗蛛（上）、西藏湟源蛛、梅氏新园蛛（上）、硬皮地蛛（右下）、林芝苏蛛、西藏幽管网蛛、铃木狼蛛、白环羊蛛、星豹蛛、沟渠豹蛛、拟环纹豹蛛（上）、大理蜗蛛、忠蜗蛛、森林旱狼蛛、广西妩蛛（上）

余　锟　海南潮蛛（右上）、宽肋盘腹蛛、巴氏拉土蛛、角拉土蛛、中华华纺蛛、单卷大疣蛛、颜氏大疣蛛、湖北缥毛蛛（234 页、235 页下）、荔波缥毛蛛、海南霜足蛛、施氏霜足蛛、中华扁蛛

吴可量　斑络新妇（上）、德氏拟维蛛、严肃心颚蛛（104 页下）、猴马蛛（下）、版纳獾蛛、类奇异獾蛛、锡金仙猫蛛（下）、科氏翠蛛、离塞蛛、不丹绿蟹蛛（下）、亚洲长瘤蟹蛛（右）、角红蟹蛛（下）、长圆螺蛛（下）

张巍巍　节腹、避日、蝎、无鞭、裂盾、须脚、桔云斑蛛（上）、马拉近络新妇（右下）、日本长逍遥蛛、红平甲蛛（下）、蚓腹阿里蛛（下）、锡兰瘤蟹蛛

李元胜　森林漏斗蛛（左上）、五纹园蛛（左、右上）、弓长棘蛛（右）、钟巢钟蛛（右下）、温室拟肥腹蛛

杨自忠　桔云斑蛛（下）、菱棘腹蛛、马拉近络新妇（上）、棒毛络新妇、拉蒂松猫蛛、壮皮蛛（上）、刺跗逍遥蛛、简腹便蛛（上）、米林肥腹蛛

廖东添　锡金仙猫蛛（上）、方格银鳞蛛、美丽顶蟹蛛（左下）、阿氏斯托蛛

黄俊球　斑络新妇（下）、严肃心颚蛛（105 页）

陈　尽　六眼幽灵蛛（下）、红平甲蛛（上）、白额巨蟹蛛（下）

寒　枫　汤原曲腹蛛、拟红银斑蛛（右上）、圆尾银板蛛（右上）

李宗煦　萼洞叶蛛、猫卷叶蛛

山　山　华美寇蛛

吴　超　粒隆头蛛（下）、北国壁钱（上）、壮皮蛛（下）

杨小峰　居室拟壁钱、拟红银斑蛛（左上）

陈　建　卡氏盖蛛（下）、翼喜妩蛛(277 页左上)

郭鸿良　机敏异漏斗蛛（下）、梅氏新园蛛（下）

金　黎　五纹园蛛（右下）

李若行　新平拟隙蛛（右下）、钟巢钟蛛（左下）

汤　亮　白斑猎蛛（左上）、云斑丘腹蛛

达玛西　间斑寇蛛

范　毅　弓长棘蛛（左）

冯泽刚　伪蝎

侯　勉　拟水狼蛛

黄泓桢　大头蚁蟹蛛（下）

黄鑫磊　屏东巨蟹蛛（右上）

唐昭阳　白斑猎蛛（下）

王紫辰　白银斑蛛

曾卓然　湖北缥毛蛛(235 页上)

好奇心书系

图鉴系列

中国昆虫生态大图鉴（第2版）	张巍巍　李元胜
中国鸟类生态大图鉴	郭冬生　张正旺
中国蜘蛛生态大图鉴	张志升　王露雨
中国蜻蜓大图鉴	张浩淼
青藏高原野花大图鉴	牛　洋　王　辰　彭建生

中国蝴蝶生活史图鉴	朱建青　谷　宇　陈志兵　陈嘉霖
常见园林植物识别图鉴（第2版）	吴棣飞　尤志勉
药用植物生态图鉴	赵素云
凝固的时空——琥珀中的昆虫及其他无脊椎动物	张巍巍

野外识别手册系列

常见昆虫野外识别手册	张巍巍
常见鸟类野外识别手册（第2版）	郭冬生
常见植物野外识别手册	刘全儒　王　辰
常见蝴蝶野外识别手册	黄　灏　张巍巍
常见蘑菇野外识别手册	肖　波　范宇光
常见蜘蛛野外识别手册（第2版）	王露雨　张志升
常见南方野花野外识别手册	江　珊
常见天牛野外识别手册	林美英
常见蜗牛野外识别手册	吴　岷
常见海滨动物野外识别手册	李文亮　严　莹
常见爬行动物野外识别手册	齐　硕
常见蜻蜓野外识别手册	张浩淼
常见螽斯蟋蟀野外识别手册	何祝清
常见两栖动物野外识别手册	史静耸
常见椿象野外识别手册	王建赟　陈　卓
常见海贝野外识别手册	陈志云

中国植物园图鉴系列

| 华南植物园导赏图鉴 | 徐晔春　龚　理　杨凤玺 |

自然观察手册系列

云与大气现象	张　超　王燕平　王　辰
天体与天象	朱　江
中国常见古生物化石	唐永刚　邢立达
矿物与宝石	朱　江
岩石与地貌	朱　江

好奇心单本

昆虫之美1（第3版）——精灵物语	李元胜
昆虫之美2——雨林秘境	李元胜
昆虫之美3——勐海寻虫记	李元胜
昆虫家谱	张巍巍
与万物同行	李元胜
旷野的诗意：李元胜博物旅行笔记	李元胜
夜色中的精灵	钟　茗　奚劲梅
蜜蜂邮花	王荫长　张巍巍　缪晓青
嘎嘎老师的昆虫观察记	林义祥（嘎嘎）
尊贵的雪花	王燕平　张　超